本书得到公众环境研究中心支持

Carbon
TALK
一分钟扯碳

# 零碳未来，
# 如何参与？

老C 中伍 小叶 / 著

*LINGTAN WEILAI, RUHE CANYU?*

中国环境出版社集团·北京

**图书在版编目（CIP）数据**

零碳未来，如何参与？ / 老C，中伍，小叶著. --
北京：中国环境出版集团，2024.7
ISBN 978-7-5111-5862-8

Ⅰ. ①零… Ⅱ. ①老… ②中… ③小… Ⅲ. ①无污染
能源－普及读物 Ⅳ. ①X382-49

中国国家版本馆CIP数据核字（2024）第098589号

| | | |
|---|---|---|
| **出 版 人** | 武德凯 | |
| **责任编辑** | 丁莞歆 | |
| **装帧设计** | 金　山 | |

**出版发行** 中国环境出版集团
（100062　北京市东城区广渠门内大街 16 号）
网　　　址：http://www.cesp.com.cn
电子邮箱：bjgl@cesp.com.cn
联系电话：010-67112765（编辑管理部）
　　　　　010-67147349（第四分社）
发行热线：010-67125803，010-67113405（传真）
印装质量热线：010-67113404

| | | |
|---|---|---|
| **印　　刷** | 玖龙（天津）印刷有限公司 | |
| **经　　销** | 各地新华书店 | |
| **版　　次** | 2024 年 7 月第 1 版 | |
| **印　　次** | 2024 年 7 月第 1 次印刷 | |
| **开　　本** | 880×1230　　1/32 | |
| **印　　张** | 7 | |
| **字　　数** | 180 千字 | |
| **定　　价** | 58.00 元 | |

**中国环境出版集团郑重承诺：**
中国环境出版集团合作的印刷单位、材料单位均具有中国环境标志产品认证。

# 序 言

　　你是否曾想象过一个环境优美、能源绿色的未来？零碳未来，不再是遥不可及的梦想，而是我们每个人都可以努力实现的目标。本书将为你打开一扇通往零碳未来的大门。无论你是对气候变化充满好奇，还是想要为零碳未来贡献力量，这本图书都将为你提供知识、启示和实践的参考。

　　在这个充满挑战和机遇的时代，我们正面临着全球气候变化的严峻考验。不久前，联合国政府间气候变化专门委员会（IPCC）发布了第六次评估报告第三工作组报告，该报告发布了全球减缓气候变化各个领域的进展和技术方案，评估了国家气候承诺对长期排放目标的影响。通过对报告的解读，本书引导读者认识到气候变化不仅是科学领域的热门话题，更是影响我们生活的现实挑战。随着对气候变化问题的认识日益加深，我们进入了一个全球性的碳中和时代。城市作为人类活动的中心，是实现碳中和的关键战场。碳中和城市该如何建设？从能源使用到城市规划的每个环节都将是构建零碳未来的关键步骤。与此同时，电动汽车、氢燃料电池汽车等新技术的涌现正在为汽车产业注入新的活力，本书也展示了这一领域的科技进步和未来发展趋势。

　　"一分钟扯碳"低碳科普漫画把"让天下没有难懂的低碳科学"作

为奋斗目标，以"有趣、有料、严谨、搞笑"的形式传播气候变化硬核知识，让广大公众以相对轻松和愉悦的形式科学、准确地掌握碳减排、碳中和的必要知识，并逐步提升认知能力。目前，"一分钟扯碳"已在微信公众号、微博、人民号、抖音、B站、钉钉等平台发布作品600余篇，累积阅读量1000多万，得到读者的广泛好评。"一分钟扯碳"发表的内容在人民日报客户端长期获得推荐，创作团队也连续两年荣获"年度优秀自媒体创作者"称号。"一分钟扯碳"科普漫画正式出版后，首本漫画合集《一分钟扯碳——碳达峰、碳中和，你想知道的全都有！》（2021年）入选中国科普作家协会推荐的百种原创科普图书，第二本漫画合集《碳中和时代生存手册》（2022年）入选生态环境部科技与财务司组织评选的"生态环境科技成果科普化典型案例和优秀科普作品"。在《联合国气候变化框架公约》第27次缔约方大会（COP27）中国角"讲述应对气候变化中国故事"主题边会上，"一分钟扯碳"系列漫画图书还入选中国环境出版集团精心制作的"气候书单"。

　　"一分钟扯碳"系列漫画将陆续出版其他作品，敬请广大读者批评指正和支持关注。

老C、中伍、小叶

# 目 录
## CONTENTS

**IPCC报告解读**

## 碳中和城市

## 新能源汽车

IPCC报告
解读

# 分不清这几个概念，
# 你还是碳中和的外行

气候中和 ●

净零碳排放 ●

温室气体中和 ●

温室气体净零排放 ●

碳中和领域最核心、最基本、最重要的概念就是"碳中和"。

气候中和、净零碳排放
温室气体中和、温室气体净零排放

感觉仿佛看到重影似的，分不清楚彼此。

对于这个概念，仍然有不少争论，因为有几个"影子概念"，如气候中和、净零碳排放、温室气体中和、温室气体净零排放等，经常让人感觉仿佛看到重影，分不清彼此。

借助联合国政府间气候变化专门委员会（IPCC）的权威报告，准确了解它们的边界，才能与别人讨论相关问题。就像练武需要先扎好马步，才不会一上来就被对方的扫堂腿踢倒。

这些概念其实可以分为两类，一类针对二氧化碳（$CO_2$），另一类针对温室气体（GHG）。二氧化碳虽然是最主要的温室气体（2019 年占比 74%），但并不代表所有的温室气体。

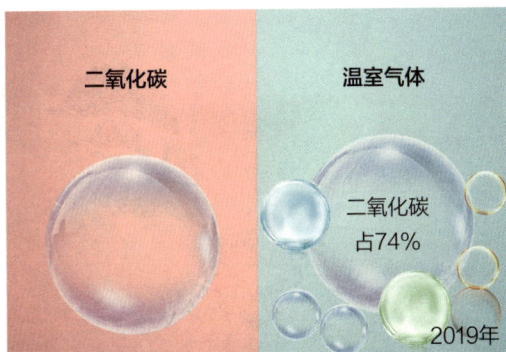

二氧化碳

温室气体

二氧化碳
占74%

2019年

一般情况下，带有"碳"的概念都针对的是二氧化碳，如碳中和、净零碳排放都是指二氧化碳的净零排放。

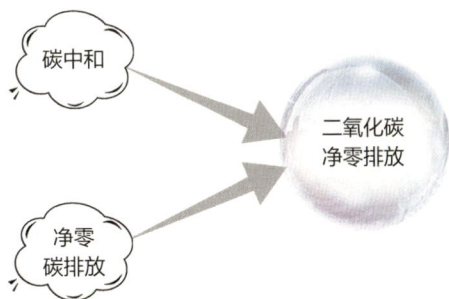

碳中和

二氧化碳
净零排放

净零
碳排放

气候中和、温室气体中和、温室气体净零排放都是针对全部温室气体的
净零排放。

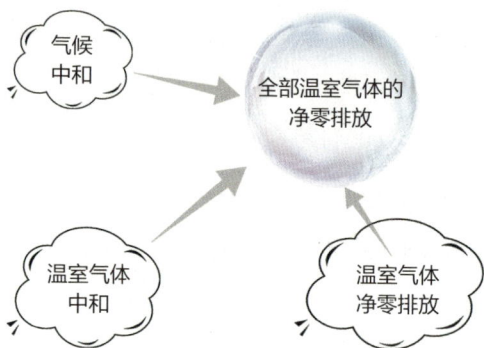

气候
中和

全部温室气体的
净零排放

温室气体
中和

温室气体
净零排放

净零排放是啥意思?

就是说，人为排放的二氧化碳
或者温室气体与人为清除的二
氧化碳或者温室气体相等。

从净效应来看，排放等于零，
但并不是说没有排放。

碳中和，就是指人为排放的二氧化碳等于人为清除的二氧化碳。

$$\{\ ?\ \} = \{\ ?\ \}$$

人为排放　　　　　　人为清除

其他概念可以依次替换相应名词。

这里有4点需要注意：

那包括人的呼吸排放吗？
貌似这也是人为活动排放？

## 注意 1

人为活动导致的排放不包括自然排放（如火山喷发、植物或者动物的呼吸等）。

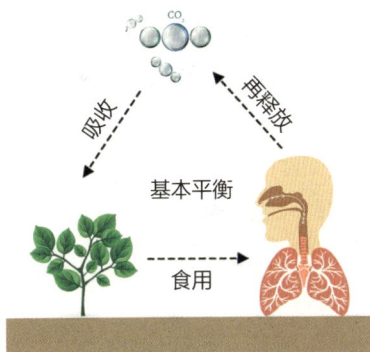

不包括，因为人吃的食物来自植物或者动物。其本身是直接或者间接吸收大气中的二氧化碳形成的生物量，人吃后再释放出来，基本上就平衡了。

$CO_2$

再释放

吸收

基本平衡

食用

## 注意 2

没有明确的排放范围，既可以是直接排放，也可以是间接排放。

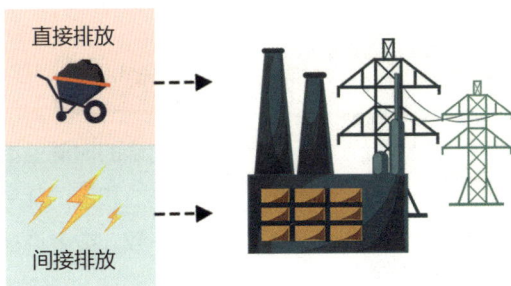

直接排放

间接排放

产品咋排放?

产品全生命周期排放，就是我们通常说的产品碳足迹。

## 注意 3

没有明确的排放主体，可以是国家、地区、组织、公司、个人，甚至可以是产品。

如果到2060年都实现了碳中和，那以后必然天天负碳排放。

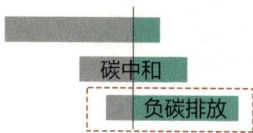

## 注意 4

没有明确的时间范围，即没有明确碳排放和碳清除是否需要在时间上一致，或者说在多长时间上一致。

我能不能把2060年
以后每天的负碳排放
挪过来抵消
现在每天的碳排放。

？？？

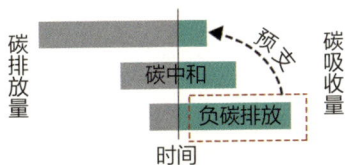

就像贷款买房，
提前实现碳中和。

碳排放量

碳中和

负碳排放

时间

预支

碳吸收量

好有道理，
我竟无言以对。

碳中和要求在同一年内，以年为
单位，因为国家、区域的排放清
单乃至碳市场履约都是以年为最
小时间单位的。

不能以小时计？

2021年××市
排放清单

不能，并且一旦某年实
现了碳中和，以后是不
能再出现净排放的，否
则就是伪中和。

就像戒烟，
一旦再抽一口，
即刻宣告戒烟失败。

今天成果:
戒烟1小时!

所以没有戒烟1小时的说法。

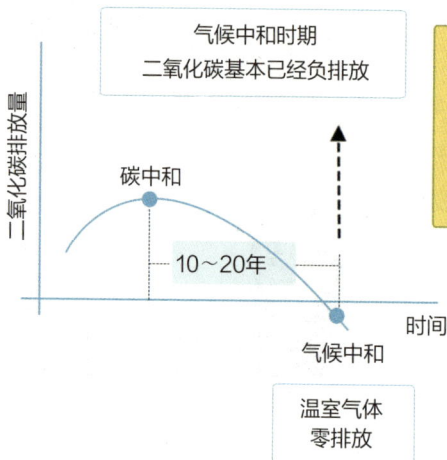

气候中和时期
二氧化碳基本已经负排放

二氧化碳排放量

碳中和

10~20年

气候中和

时间

温室气体零排放

从全球来看,气候中和(温室气体净零排放)要比碳中和晚10~20年。

碳中和开始的那一年,就是全球累计碳排放达峰的时候,理论上也是全球温度达峰的时候。

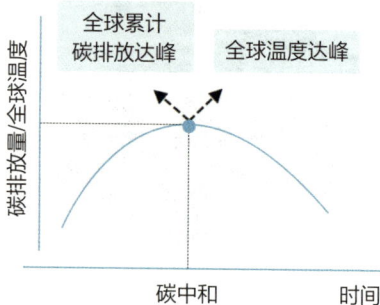

碳排放量/全球温度

全球累计碳排放达峰    全球温度达峰

碳中和    时间

虽然概念清楚，但是在具体语境里还要具体对待。比如美国政府提出的2050年净零排放（2050 net zero），虽然没有说具体是什么净零排放，但根据上下文，应该是指温室气体净零排放。

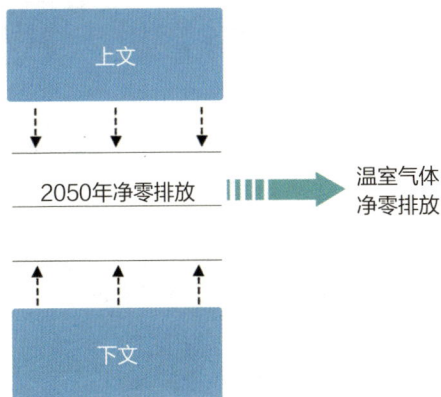

上文

↓ ↓ ↓

2050年净零排放 ▌▌▌▌➡ 温室气体净零排放

↑ ↑ ↑

下文

那也就是气候中和。

如果没有明确说是二氧化碳还是温室气体，那么有3个简单的实战判断方法：

发达国家 ➡ 通常指 ➡ 温室气体净零排放或气候中和

产品层面 ➡ 通常指 ➡ 温室气体

历史累计排放 ➡ 通常指 ➡ 二氧化碳

**参考文献**

[1] IPCC. Climate change 2022: mitigation of climate change [M]. Cambridge, UK and New York, NY, USA: Cambridge University Press, 2022.

# 未来已被规划，我们该做些什么?

IPCC 为了实现将温升控制在 2℃或者 1.5℃，
为全球发展精心设计了 5 条典型路径，称为解释性减排路径
（illustrative mitigation pathways，IMPs）。

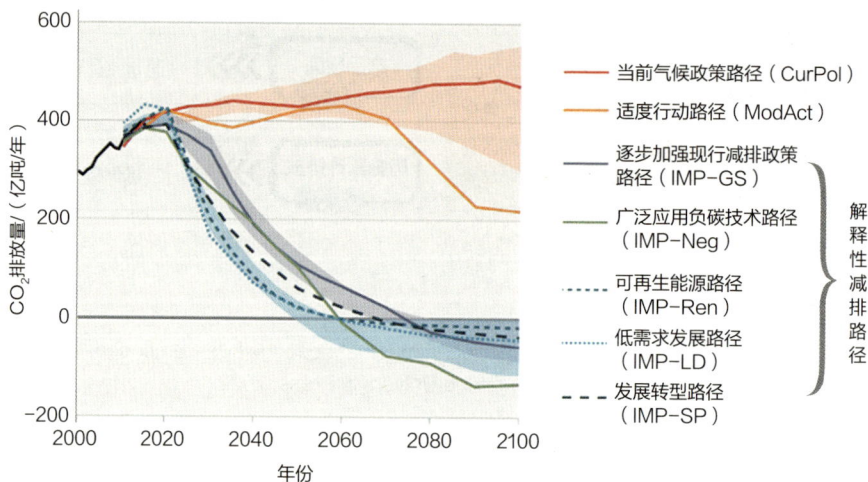

当前气候政策路径（CurPol）

适度行动路径（ModAct）

逐步加强现行减排政策路径（IMP-GS）

广泛应用负碳技术路径（IMP-Neg）

可再生能源路径（IMP-Ren）

低需求发展路径（IMP-LD）

发展转型路径（IMP-SP）

解释性减排路径

CO₂排放量（亿吨/年）

年份

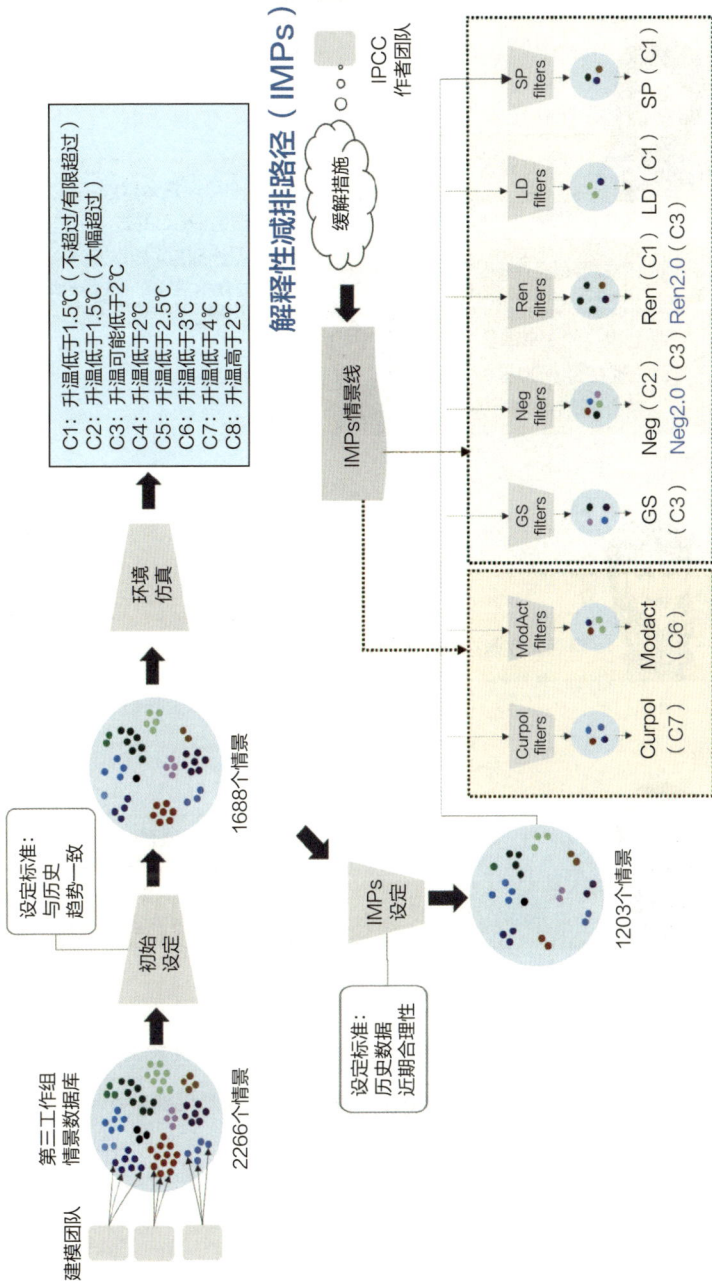

# 解释性减排路径（IMPs）

C1: 升温低于1.5℃（不超过/有限超过）
C2: 升温低于1.5℃（大幅超过）
C3: 升温可能低于2℃
C4: 升温低于2℃
C5: 升温低于2.5℃
C6: 升温低于3℃
C7: 升温低于4℃
C8: 升温高于2℃

环境仿真

建模团队

第三工作组
情景数据库

2266个情景

初始设定

设定标准：
与历史趋势一致

1688个情景

IMPs设定

设定标准：
历史数据
近期合理性

1203个情景

IMPs情景线

缓解措施

IPCC
作者团队

GS
filters

Neg
filters

Ren
filters

LD
filters

SP
filters

GS
（C3）

Neg（C2）
Neg2.0（C3）

Ren（C1）
Ren2.0（C3）

LD（C1）

SP（C1）

ModAct
filters

Curpol
filters

Modact
（C6）

Curpol
（C7）

IPCC为人类规划未来?

可以这么理解,但是IPCC的方法不是从上而下的规划设计,而是从下而上的精练共识。

这5条发展路径是IPCC从全球范围内由2266个学术模型建立的未来情景中(现在至2100年)精心选择出来的。

有点大数据挖掘的味道。

有点像"涌现"(emergence)或者"形成"(becoming)。

路径会成真吗?

我觉得很有可能,因为IPCC报告都是经各国政府通过的,相当于取得了全球共识。

如果各国政府、公司和各类组织机构都按照这些路径规划自己未来的发展,这些路径就真会成为现实。

人最独特的地方
就在于想象和共识。

这属于"被规划"。听你
这么一说，我还得认真听
听这5条路径都是啥情况。

## GS：逐步加强现行减排政策路径

这基本上是一个渐进的发展路径，
有望实现将温升控制在 2℃。
具体规划是从现在到 2030 年，
各国执行自己提出的国家自主贡献
目标（NDCs），2030 年
以后实施更加严格的减排政策。

## Neg：广泛应用负碳技术路径

这是技术型发展路径，有望实现将温升控制在 1.5℃。具体规划是
能源、工业等主要排放部门依赖碳移除技术实现净负碳排放。

2050年之后出现较高的
"全球净负碳排放"路径，
在全球实现碳中和时，
还有80亿吨的
二氧化碳排放量。

碳排放量/亿吨

446

80 排放

吸收

2019年          2050年

"黑科技"就是简单粗暴！

## Ren：可再生能源路径

依靠大力发展可再生能源，有望实现将温升控制在1.5℃，太阳能、风能均得到充分和广泛的发展，较少依赖碳移除技术，全球充分实现电气化。

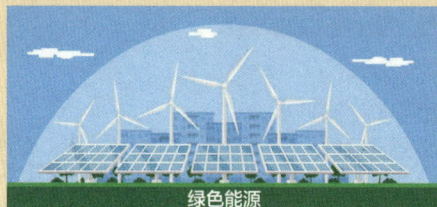

绿色能源

## LD：低需求发展路径

需求端深度减排，有望实现将温升控制在1.5℃，通过各种节能技术措施、财政和经济激励措施改善人的行为模式等，实现全球脱碳。

这是所有路径中碳中和时排放量最小的情况，全球仅排放26亿吨。

这是人类的自我革命，反求诸己。

## SP：发展转型路径

探索新发展模式，
改变当前严重依赖化石能源的现状，
有望实现将温升控制在 1.5℃，
同时考虑其他可持续发展目标，
如减少贫困、减少不平等。

这个更接近我理解的
生态文明。

除此之外，IPCC 还增加了 2 条路径，
即 CurPol（当前气候政策路径）和 ModAct（适度行动路径），
但这 2 条路径都无法实现将温升控制在 2℃。

控温……失败！

那就更不用说将温升控制在1.5℃了。

这2条路径主要是用来作对比的，以显示前面5条典型路径的减排成效。

相当于"躺平"模式或者自动导航模式。

差不多，科学点说是参考情景或者基准情景。

人类不可能走基准情景道路。

"躺平"40年，人都成"肉皮冻"了！

也不太可能完全精准地走5条典型路径中的某一条，很有可能是某2条或几条路径的混合结果。

IPCC这次报告的核心就是对这5条典型路径的排列组合分析。

未来已来！

现在该做些什么，才能赢在起跑线上？

虽然大趋势是明确的，但小趋势还是多种多样的。

绝大部分人都改变不了大趋势，但是能改变甚至规划小趋势。

先看看你在开头选择的是哪条路径吧?

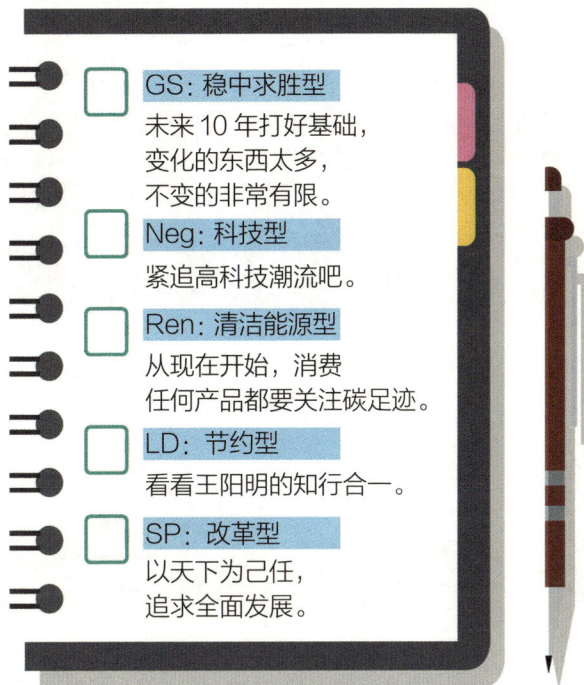

GS: 稳中求胜型
未来 10 年打好基础,
变化的东西太多,
不变的非常有限。

Neg: 科技型
紧追高科技潮流吧。

Ren: 清洁能源型
从现在开始,消费
任何产品都要关注碳足迹。

LD: 节约型
看看王阳明的知行合一。

SP: 改革型
以天下为己任,
追求全面发展。

**参考文献**

[1] IPCC. Climate change 2022: mitigation of climate change [M]. Cambridge, UK and New York, NY, USA: Cambridge University Press, 2022.

[2] Schleussner C F, Ganti G, Rogelj J, et al. An emission pathway classification reflecting the Paris agreement climate objectives[J/OL]. Commun Earth Environ, 2022, 3: 135. https://doi.org/10.1038/s43247-022-00467-w.

# 打开全球碳中和大趋势的
# 正确姿势

全球碳中和浪潮中，立于不败之地的不二法门就是**掌握大趋势**。

大趋势与我个人
有啥关系？

看不清大趋势，
再怎么努力都是白做功，
甚至是做反功。

想想百年公司诺基亚，曾是全球手机行业的龙头。

曾几何时，人手一部诺基亚啊！

它就是没有看清楚全球智能手机的大趋势，在不到 3 年的时间内，

其业务断崖式下滑，直至被收购。

1996—2010年，
诺基亚手机连续15年
占据手机市场份额第
一的位置。

想当初我的第一部手机就是诺基亚。

暴露了你的年龄……

预知未来，先看历史。

这波碳中和来势汹汹！怎么才能看清大趋势、小趋势？先看看过去 30 年全球温室气体排放的大趋势特征。

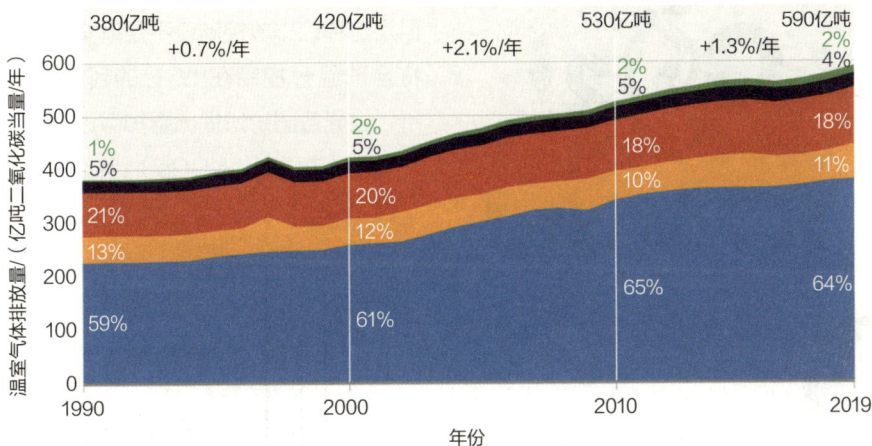

温室气体排放量/（亿吨二氧化碳当量/年）

380亿吨　　　+0.7%/年

420亿吨　　　+2.1%/年

530亿吨　　　+1.3%/年

590亿吨

| 年份 | 含氟温室气体 | 氧化亚氮（N₂O） | 甲烷（CH₄） | 土地、土地利用变化及林业导致的二氧化碳净排放（CO₂ LULUCF） | 化石燃料使用和工厂排放的二氧化碳（CO₂ FFI） |
|---|---|---|---|---|---|
| 1990 | 1% | 5% | 21% | 13% | 59% |
| 2000 | 2% | 5% | 20% | 12% | 61% |
| 2010 | 2% | 5% | 18% | 10% | 65% |
| 2019 | 2% | 4% | 18% | 11% | 64% |

年份

含氟温室气体

氧化亚氮（N₂O）

甲烷（CH₄）

土地、土地利用变化及林业导致的二氧化碳净排放（CO₂ LULUCF）

化石燃料使用和工厂排放的二氧化碳（CO₂ FFI）

可以说，全球碳（温室气体）排放增长最快的阶段已经过去了。

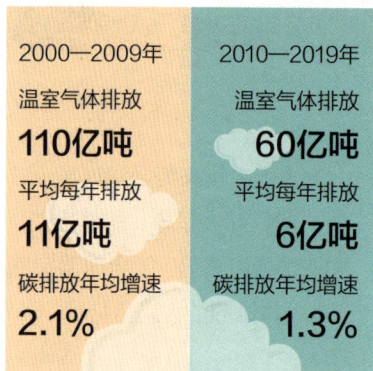

| 2000—2009年 | 2010—2019年 |
|---|---|
| 温室气体排放 | 温室气体排放 |
| 110亿吨 | 60亿吨 |
| 平均每年排放 | 平均每年排放 |
| 11亿吨 | 6亿吨 |
| 碳排放年均增速 | 碳排放年均增速 |
| 2.1% | 1.3% |

从全球来看，经济增长与碳排放已经相对脱钩。

经济增长

碳排放

但是这种碳排放控制还不足以实现将全球温升控制在 1.5℃ 的目标，所以世界各国纷纷提出更加激进的国家自主贡献（NDCs）目标。

按照将全球温升控制在 2℃ 的目标要求，1850—2019 年的碳排放量已经用完了总预算的 2/3。

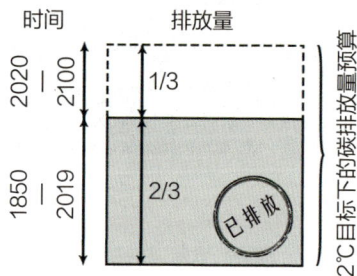

时间　排放量

2020—2100　1/3

1850—2019　2/3　已排放

2℃目标下的碳排放量预算

也就是说，只剩下1/3的排放量了！

按照将全球温升控制在 1.5℃的目标要求，1850—2019 年的碳排放量已经用完了总预算的 4/5。

| 时间 | 排放量 |
|---|---|
| 2020 — 2100 | 1/5 |
| 1850 — 2019 | 4/5 已排放 |

1.5℃目标下的碳排放量预算

只剩下1/5的排放量了！

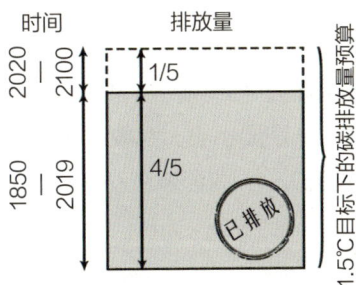

也就是说，未来的可排放量（碳排放权）会越来越稀缺。

碳排放的价格也会越来越高！

当前中国碳市场的碳交易价格大约是 50 元人民币 / 吨二氧化碳。

$CO_2$

¥50元/吨

"春江水暖鸭先知"，如果你觉得全球碳中和趋势与你有关，很有可能你在一定程度上已经感知到碳中和对你的影响了。

掌握大趋势，紧盯小趋势，同时在一定程度上要保持战略定力。

如果你觉得全球碳中和趋势与你无关，那也一定要小心。我敢肯定的是，不是无关，只是影响还没有显现出来。

你可能觉得我一不烧煤、二不开车，碳排放怎么影响我？其实碳中和是多维度、全方位渗透的，甚至会对我们的衣、食、住、行都产生深刻的影响。

在近 30 年全球温室气体增长的大趋势下，有意思的是，不同种类的温室气体，其增长情况差异很大。

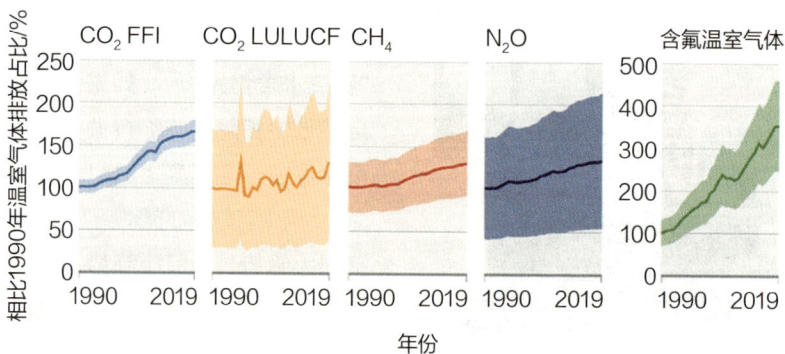

含氟温室气体的增长最为迅猛，2019 年的排放量是 1990 年的 3 倍还多。

含氟温室气体与我何干？

关系极为紧密。
家庭和办公室用的空调、
汽车空调等，乃至各类
制冷设备都含有氟。

而这些含氟温室气体都是
增温潜势极高的温室气体。

医药领域使用的气雾剂等也要使用含氟物质，无处不在的电网开关设备都要使用含氟物质。

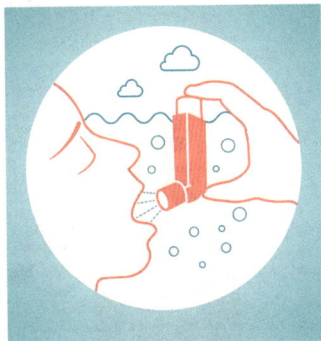

PLAN A
● 氟利昂
● 氟利昂
● 氟利昂

PLAN B
● 四氯乙烷
● 四氟乙烷
● ……
环境友好

在碳中和大趋势下，这么高的增长势头必然会迎来严格的管控。

《蒙特利尔议定书》基加利修正案于 2016 年 10 月通过，2021 年 9 月 15 日在我国正式生效，其重点管控氢氟碳化物。

2022 年 4 月，欧盟委员会计划对之前颁布的含氟温室气体法律进行修订，以更加严控含氟温室气体排放。

那我们该怎么做？

如果要实现 2℃温控目标，全球温室气体到 2030 年要比 2019 年下降 13%～45%，到 2050 年要比 2019 年下降 52%～76%。

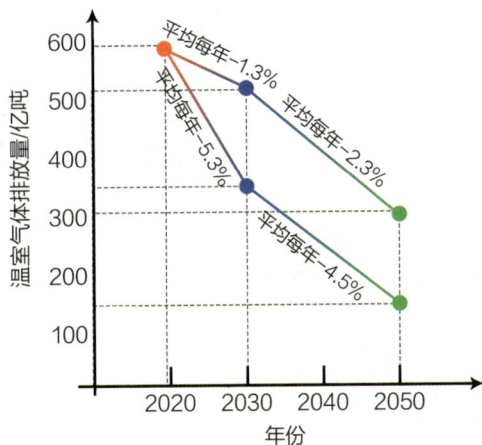

如果要实现 1.5℃温控目标，全球温室气体到 2030 年要比 2019 年下降 34%～60%，到 2050 年要比 2019 年下降 73%～98%。

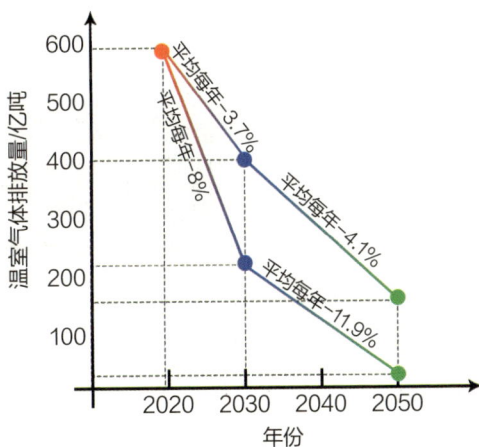

这就是全球大趋势的重要锚点，也是我们规划小趋势的重要参考。

减排计划表

年度减排 3%

如果我们想成为碳中和的弄潮儿，那么个人或者公司未来 10 年的年度平均减排目标都要维持在 3 个百分点以上。

年度减排 1%

如果我们想紧跟大盘、顺势而为，那么个人或者公司未来 10 年的年度平均减排目标至少不低于 1 个百分点。

**参考文献**

[1] IPCC. Climate change 2022: mitigation of climate change [M]. Cambridge, UK and New York, NY, USA: Cambridge University Press, 2022.

# 一起鲜为人知的碳排放法律诉讼案

在全球应对气候变化的历程中有一起非常重要的法律案件。该案历时7年，是全球应对气候变化的里程碑性的事件。

这起案件就是荷兰环保组织 Urgenda 基金会诉荷兰政府案（Urgenda v. State of the Netherlands）。

该案被 IPCC 报告作为经典案例重点介绍，认为其对解决国际责任、国内行动和个人行为在应对气候变化中的关系问题产生了深远的影响。

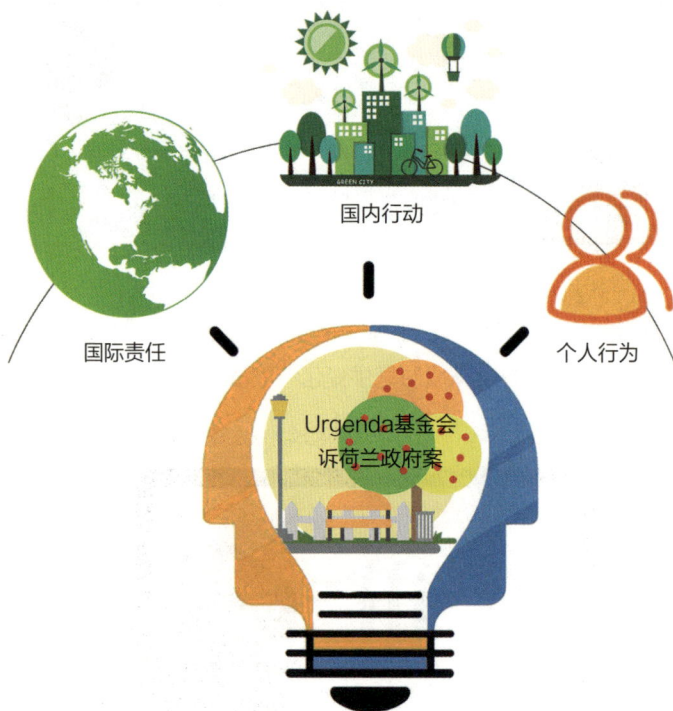

国内行动

国际责任

个人行为

Urgenda基金会
诉荷兰政府案

IPCC报告的悬疑大片感。

我相信以后必然会有
基于该案的大片上线。

## 案情回顾

这次判决有 3 点值得注意：

①法院认为 2010 年以前荷兰政府的目标是减排 30%，但 2010 年以后又改变了政策，将目标降到 14% ～ 17%；

**2013 年 3 月**

Urgenda基金会起诉荷兰政府，

称荷兰政府当前的减排承诺

（2020 年温室气体比1990年减排17%）

不足以实现荷兰对全球2℃温控目标的公平贡献，

温室气体减排量 17% ⊗ ↓2℃

需要将减排承诺提高到25%。

17% **25%**

**2015 年 6 月**

Urgenda 基金会胜诉

胜利

Urgenda

政策改变

14%～17%

30%

减排比例

××年　　2010年

②法院引用《联合国气候变化框架公约》中的预防性原则及欧洲气候政策所体现的高保护性原则、预防性原则，认为荷兰政府应该发挥带头作用；

《联合国气候变化框架公约》

一、预防性原则

Carbon
Talk
一分钟扯碳

减排

③减排 25% 的成本并非
难以企及。

减排目标相差的这8个百分点
（从25%降至17%）很难从
科学上严格证明能在多大程度
上对控制全球变暖有所贡献。

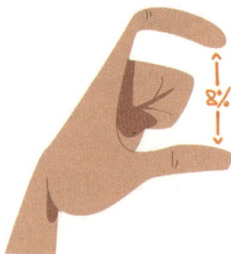

预防性原则

最大限度地降低
气候风险转化为现实
损害的可能性。

是的。
所以Urgenda基金会
强调保守的预防性原则。

法院同样考虑了这个论点，
还考虑了减排成本。

Urgenda基金会
以获胜告终？

哪有这么容易，
该案一波三折！！！

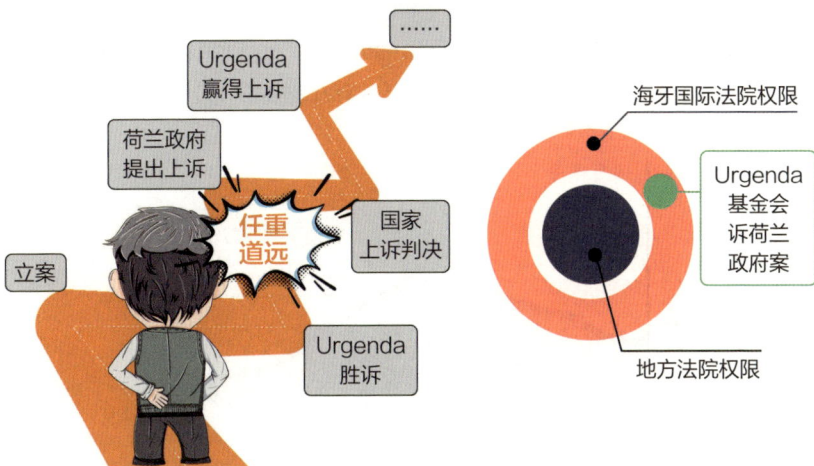

IPCC
报告解读

Urgenda
赢得上诉

荷兰政府
提出上诉

立案

任重
道远

国家
上诉判决

Urgenda
胜诉

......

海牙国际法院权限

Urgenda
基金会
诉荷兰
政府案

地方法院权限

## 2015 年 9 月

荷兰政府向海牙国际法院提出上诉，
认为地方法院判决超越其权限。

## 2018 年 10 月

海牙国际法院裁定维持
减排 25% 的原判决。

减排25%！

海牙国际法院

驳回上诉，
减排25%！

最高法院

## 2019 年 1 月

荷兰政府向荷兰最高法院提出上诉。
2019 年 12 月，荷兰最高法院驳回上诉，
维持 25% 的减排要求。

现在看来，根据荷兰统计局（Statistics Netherlands）的数据，2020 年荷兰的温室气体比 1990 年减排了 25.5%。

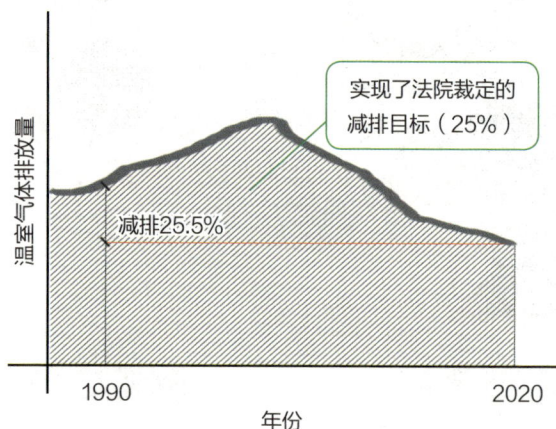

事实上，随着该案件的不断升级，尽管荷兰政府不断提起上诉，但其同时也开始制定更加严格的减排目标和措施。

例如，荷兰政府下令到 2020 年关闭 Hemweg 燃煤电厂，比计划提前了 4 年，并且规划到 2030 年关闭所有燃煤电厂。

荷兰政府于 2019 年通过了一项新的气候计划,目标是到 2030 年将二氧化碳排放量减少 49%。

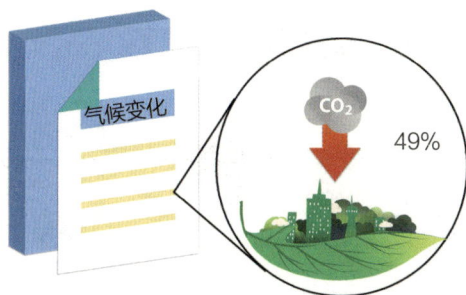

同时,荷兰政府还制定和实施了各类经济政策和措施。

**征税**　　　　　　　**激励措施**

鼓励天然气转为电力

针对工业二氧化碳排放

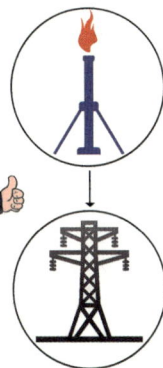

2025年前实施

驾驶税

**驾驶税**

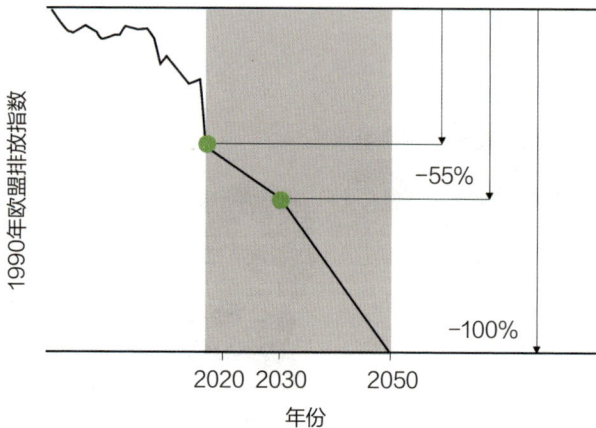

该案件从 2013 年持续到 2019 年年底，全球应对气候变化的形势也发生了巨大的变化，世界各国均采取了更加积极的减排措施。

采取减排措施

| 中国 | 美国 | 阿根廷 |
| 加拿大 | 巴西 |

2013年 —————————————— 2019年年底

欧盟也将 2030 年的减排目标从 40% 提高到 55%
（相较 1990 年水平）。

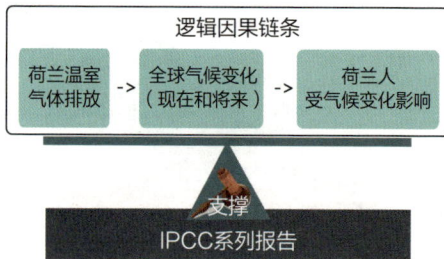

1990年欧盟排放指数

−55%

−100%

2020 2030 2050

年份

在长达 7 年的诉讼中，IPCC 最新成果也不断发布。IPCC 报告在该案件的诉讼过程中发挥了巨大作用。

逻辑因果链条

荷兰温室气体排放 -> 全球气候变化（现在和将来） -> 荷兰人受气候变化影响

支撑

IPCC系列报告

IPCC"护身大法"。

IPCC报告作为联合国官方报告，内容详尽、数据丰富。

IPCC报告

官方认证

报告中的任何结论都可以作为解决生活、工作问题及诉讼中的有力依据。

## IPCC撰稿流程

| | | |
|---|---|---|
| 规划 | 批准大纲 | 提名作者 |
| | DOC | |
| 政府和专家评审（第二稿） | 评审（第一稿） | 遴选作者 |
| PDF | | |
| 报告最终稿和SPM | 政府评审SPM的最终端 | 批准和接受报告 |

出版报告

图片来源：IPCC官网。

居家必备、工作标配！

SPM: Summary for Policymakers，决策者摘要。

该案出现在荷兰有一定的必然性。

究
其
原
因

荷兰作为低地国家，1/4 的土地低于海平面，公民受到气候变化的切身影响。

同时，荷兰在历史上是全球性的商业大国，注重国际责任和公平，国际法就起源于荷兰，国际法之都就是荷兰海牙。

现在看来，该案已经成为全球应对气候变化中的经典案例。

经典案例学习

荷兰环保组织
Urgenda基金会
诉荷兰政府案

起因：××
经过：××
结果：××
经验：××

**参考文献**

[1] IPCC. Climate change 2022: mitigation of climate change [M]. Cambridge, UK and New York, NY, USA: Cambridge University Press, 2022.

[2] Environmental Law Alliance Worldwide. Urgenda foundation v. State of the Netherlands [EB/OL]. (2015-06-24)[2023-06-20]. https://elaw.org/nl.urgenda.15.

[3] Meguro M. State of the Netherlands v. Urgenda foundation[J]. American Journal of International Law, 2020,114(4): 729-735. doi:10.1017/ajil.2020.52.

[4] Statistics Netherlands (CBS). Urgenda reduction target for GHG emissions achieved in 2020[EB/OL]. (2022-09-02) [2023-06-20]. https://www.cbs.nl/en-gb/news/2022/06/urgenda-reduction-target-for-ghg-emissions-achieved-in-2020.

[5] Wikipedia. State of the Netherlands v. Urgenda foundation [EB/OL] (2023-06-07) [2023-06-20]https://en.wikipedia.org/wiki/State_of_the_Netherlands_v._Urgenda_Foundation.

# 男性排放的碳多，
# 还是女性排放的碳多？

CO₂

尽管各国、各地区的碳排放差异很大，IPCC 还是认为，女性的碳足迹比男性低 6% ～ 28%，主要是因为女性的肉类消费量和车辆使用率相比男性更低。

在瑞典，男女消费金额相似，但男性使用汽车的次数更多。

瑞典每人每年的温室气体排放量/千克

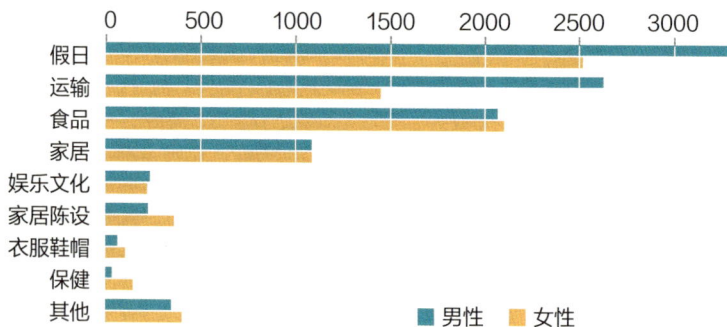

| | 男性 | 女性 |
|---|---|---|
| 假日 | | |
| 运输 | | |
| 食品 | | |
| 家居 | | |
| 娱乐文化 | | |
| 家居陈设 | | |
| 衣服鞋帽 | | |
| 保健 | | |
| 其他 | | |

■ 男性　■ 女性

女性的消费方式比较固定——在家居装饰、健康和衣服上花费得更多,男性在汽车燃料、外出就餐、酒精和烟草上花费得更多。男性常使用私家车上班,而女性则更多地使用公共交通。

单身男性排放的温室气体比单身女性多 18%。

单身对单身,
这样比才更公平嘛!

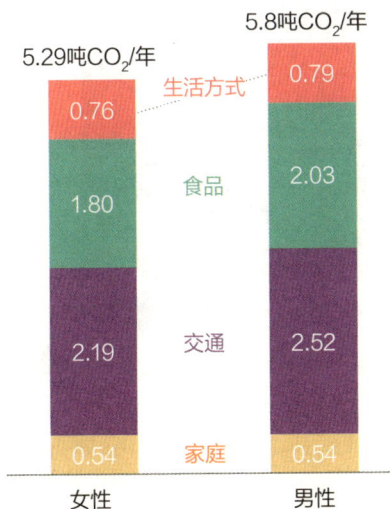

5.8吨CO$_2$/年

5.29吨CO$_2$/年

| | 生活方式 | |
|---|---|---|
| 0.76 | | 0.79 |
| 1.80 | 食品 | 2.03 |
| 2.19 | 交通 | 2.52 |
| 0.54 | 家庭 | 0.54 |
| 女性 | | 男性 |

在西班牙,女性的二氧化碳排放量平均比男性低 8.8%。主要是由于在交通和食品这 2 个类别上,女性平均比男性更加低碳。

在西班牙，女性公共交通的使用率高于私人交通，女性消耗的肉更少，吃的植物类食品更多，如多食用素食或纯素食。

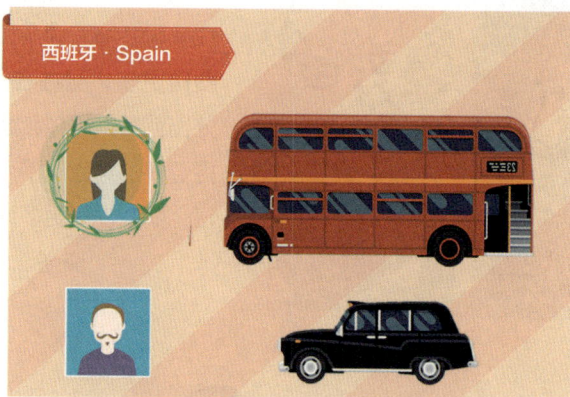

西班牙·Spain

在新西兰，女性的出行方式比男性更多样化，且每日出行的里程比男性低12%～17%，所以总体上女性出行的碳排放要低于男性。

新西兰·New Zealand

看来不同性别的碳排放差异不小。

是的。这一方面反映出生活方式对个人碳足迹的显著影响。

另一方面，也体现了联合国及国际研究越来越重视在应对气候变化中的性别问题了。

如果你是男性，选择了男性排放更多，这充分体现了应对气候变化中的"大男子主义"，必须点赞！以后要加大减碳力度。

如果你是女性，选择了男性排放更多，这显示出你的敏锐和深刻，让我们看到了深度减排的潜力！

如果你是男性，选择了女性排放更多，这说明你的钱都让老婆或者女朋友花了。

如果你是女性，选择了女性排放更多，那么以后你"凡尔赛"的点是低碳足迹，并非高消费。

**参考文献**

[1] IPCC. Climate change 2022: mitigation of climate change [M]. Cambridge, UK and New York, NY, USA: Cambridge University Press, 2022.

[2] Carlsson Kanyama A, Nssén J, Benders R. Shifting expenditure on food,holidays, and furnishings could lower greenhouse gas emissions by almost 40% [J]. Journal of Industrial Ecology, 2021, 25(6): 1602-1616.

[3] Caroline Shaw, Marie Russell, Michael Keall, et al. Beyond the bicycle: seeing the context of the gender gap in cycling [J]. Journal of Transport & Health, 2020,18: 100871. DOI: 10.1016/j.jth.2020.100871.

# 碳中和技术符合摩尔定律，我们该惊喜还是恐惧？

2020 年全球光伏发电的成本不到 2000 年的 10%，总装机量是 2000 年的 572 倍。

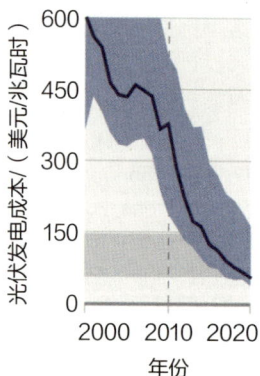

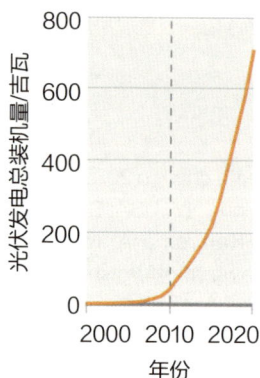

2010年以来，光伏发电成本约每4年就下降一半。

可以说，光伏发电、乘用车电池等碳中和技术基本符合另一种版本的摩尔定律（Moore's law）。

我们该怎么做才能应对这种高速发展的碳中和技术趋势呢？

摩尔定律是针对计算机行业的定律，指集成电路上可容纳的晶体管数目约每隔 18 个月便会增加一倍，或者微处理器的性能每隔 18 个月就提高一倍或价格下降一半。

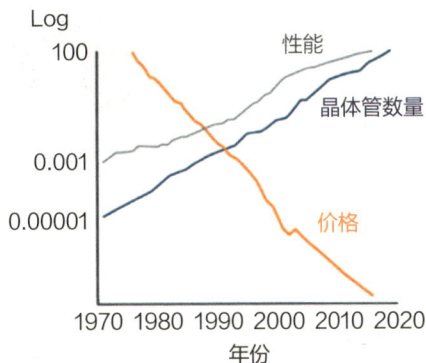

摩尔定律从 19 世纪 60 年代提出至今，计算机技术发生了天翻地覆的变化。今天一部普通手机的处理能力都比当年科学专用的计算服务器还强，其价格就更不用说了。

IPCC 评估报告把技术成本作为重磅内容，不仅在决策者摘要中专题讨论，还将其放入报告发布会宣传册。要知道这个宣传册总共就 28 页，其中技术就占了 2 页。

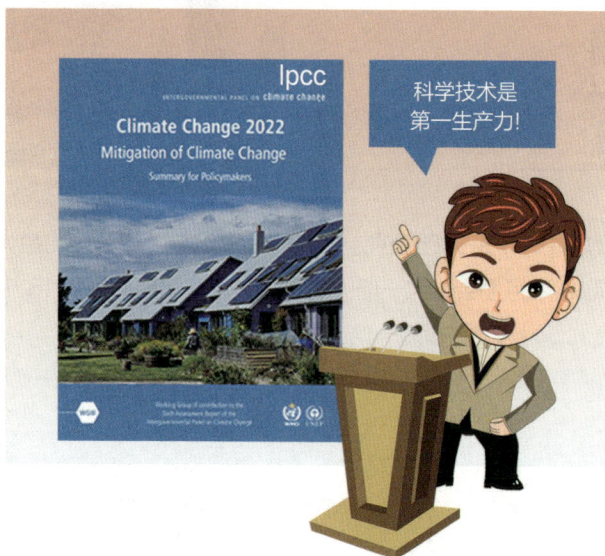

原因很简单，技术迭代和进化的力量会超出所有人的想象。

在可再生能源技术成本快速下降的同时，化石能源技术成本是否也在快速下降呢？

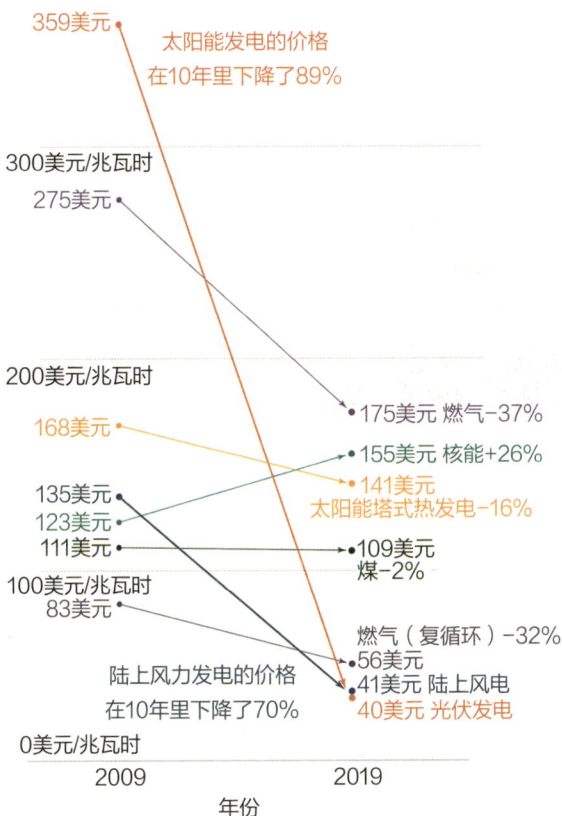

359美元 ●

太阳能发电的价格
在10年里下降了89%

300美元/兆瓦时

275美元 ●

200美元/兆瓦时

168美元 ●

● 175美元 燃气-37%

● 155美元 核能+26%

● 141美元
太阳能塔式热发电-16%

135美元 ●
123美元 ●
111美元 ●
● 109美元
煤-2%

100美元/兆瓦时
83美元 ●

燃气（复循环）-32%
● 56美元
● 41美元 陆上风电
40美元 光伏发电

陆上风力发电的价格
在10年里下降了70%

0美元/兆瓦时
2009　　　　2019
年份

可以看出，2009—2019 年的
10 年间，煤炭发电成本基本上
没有变化，太阳能发电成本的
下降水平基本上是碾压式的。

价格

价格

为什么会这样呢？

首先，化石能源发电成本有很大一块是燃料成本，如购买煤炭，而煤炭属于不可再生资源。从理论上讲，资源越少，价格越高。

而可再生能源发电利用的是太阳能或者风能，能源成本为0。

其次，化石能源发电带来了大量的环境污染和健康影响，以及二氧化碳排放，而可再生能源总是以非常友好的方式出现在公众面前。所以可再生能源即便有绿色溢价，只要可以承受，公众就会更倾向于购买。

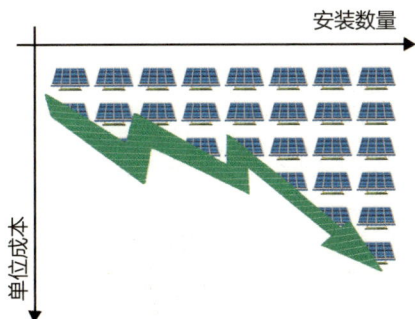

安装数量

单位成本

最后，可再生能源发电技术有
非常好的学习曲线，即装机量
或者使用量越高，其技术进步
就越快，成本也就越低。

太阳能装机容量每增加1倍，发电价格就会下降36%。
陆上风电行业的学习率达到了23%，产能每翻一番，价格就会下降
近1/4。海上风能的学习率为10%。

这是全球平准化能源成本的
加权平均值（不含补贴）
对数坐标并根据通货膨胀进行调整

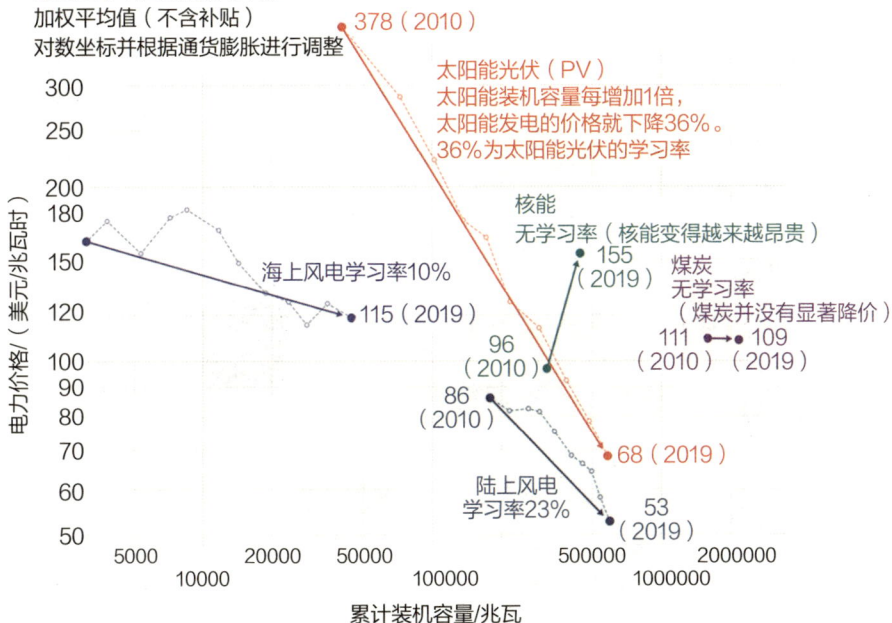

378（2010）

太阳能光伏（PV）
太阳能装机容量每增加1倍，
太阳能发电的价格就下降36%。
36%为太阳能光伏的学习率

核能
无学习率（核能变得越来越昂贵）
155（2019）

煤炭
无学习率
（煤炭并没有显著降价）
111 ▬▶ 109
（2010）（2019）

海上风电学习率10%
115（2019）

96
（2010）

86
（2010）

68（2019）

陆上风电
学习率23%

53
（2019）

电力价格（美元/兆瓦时）

300
250
200
180
150
120
100
90
80
70
60
50

5000    20000    500000    2000000
    10000    100000    1000000

累计装机容量/兆瓦

最重要的是，IPCC 报告已经把技术进步和成本下降作为碳中和路径上的重要因素。

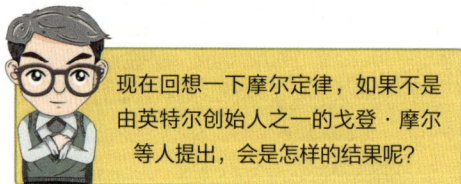

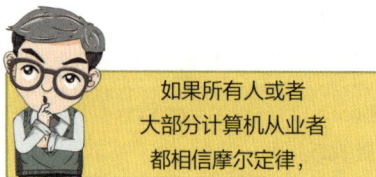

碳中和

技术

成本

$

大神加持！

IPCC给了全球非常明确的预期。

BRAINSTORM
SUCCESS IDEAS

人类是靠想象和预期发展的。

现在回想一下摩尔定律，如果不是由英特尔创始人之一的戈登·摩尔等人提出，会是怎样的结果呢？

MOORES LAW
moores law
intel

如果所有人或者大部分计算机从业者都相信摩尔定律，

那么当某人发现自己的技术水平达不到摩尔定律的预期，他会怎么样？

未达……预期?!

他大概率会查找自己的原因并拼命追赶，
直到接近预期的技术水平。

如果不这样，他确信自己就会被淘汰，因为他觉得自己当前的水平低于市场平均水平。

古人云，心诚则灵!

所以你看，在这种心理氛围下，摩尔定律就真的每次都按预期出现了。

心动还需行动

碳中和技术的摩尔定律不正是这种现象的再现吗？

全世界都相信的事情，你不信也得信。

这给我们什么启示呢？

回到我们开篇的问题。

如果你从事的行业与可再生能源或者碳中和技术不相关，你就需要认真了解碳中和技术的发展并紧跟动态，想想现在若不会计算机将是怎样的一种状态。碳中和技术迟早会进入你的行业，凡事提前准备总会胜人一筹。

如果你从事的行业与可再生能源或者碳中和技术相关，你就需要认真评估自己的学习速度是否能跟得上技术进步的速度，做一个终身学习者，审慎地看待每一次技术突破和创新，因为我们不知道它的摩尔定律学习率会有多快。

**参考文献**

[1] IPCC. Climate change 2022: mitigation of climate change [M]. Cambridge, UK and New York, NY, USA: Cambridge University Press, 2022.
[2] Hannah Ritchie and Max Roser. Energy[EB/OL].(2021-03-12)[2023-08-18]. https://ourworldindata.org/energy.

# 我们到底需要多少能源?

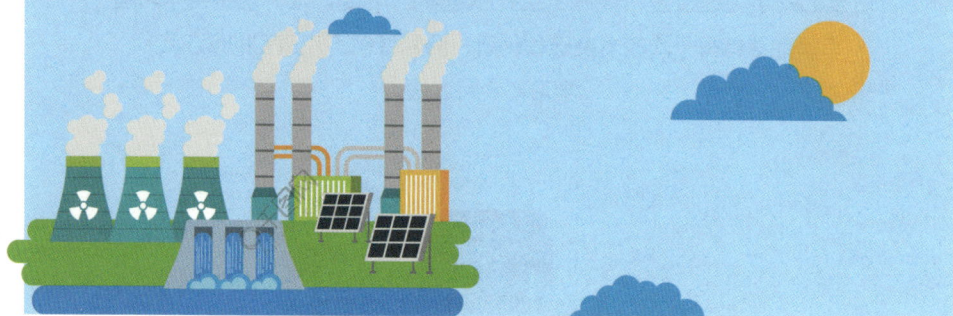

实现碳中和的一个重要方向就是需求端减排,其本质就是减少不必要的能源消费和能源浪费。

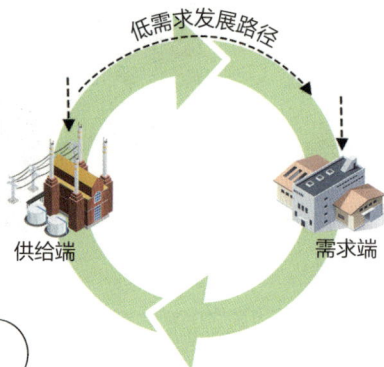

低需求发展路径

供给端　　　　　　需求端

能源需求会下降?

IPCC 提出的 5 条典型路径之一——低需求发展路径(LD),就是这种模式的加强版。

这里有个哲学问题,为什么我们的能源需求会下降呢?

或者说，理论上是否存在一个我们能源需求的最大值？

能源需求顶峰

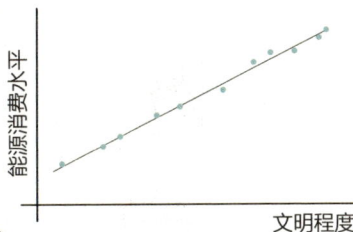

从理论上讲，我们的能源消费水平与文明程度是完全正相关的。

能源消费水平

文明程度

人类对能源的利用量和利用水平代表了文明的发达程度。

这个世界的本质是能量。

物质也可以与能量交换（爱因斯坦的质能方程）。

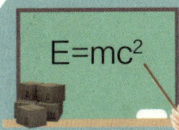

$E=mc^2$

所以，我们面临的各类环境问题，
甚至许多战争问题都与能源关系密切。

因此，IPCC 这次反思了在当前的技术水平下，是否存在一个我们的
基本能源需求呢？

这个基本能源需求的前提是，保证每
个人有体面、健康的生活（decent
living standards，DLS）。

其内涵好像是反对奢侈和炫富。

IPCC第六次评估
第Ⅲ工作组报告

人均基本
能源需求 = 0.7~1.7吨标准煤

IPCC 这次给出了定量的结果，平均每个人的基本能源需求是每人每年 20 ~ 50 吉焦。如果按照我国常用的能源计量单位，相当于 0.7 ~ 1.7 吨标准煤。

现在我们人均能源消费量是多少？

全球差异比较大，大概在0.17~7吨标准煤。

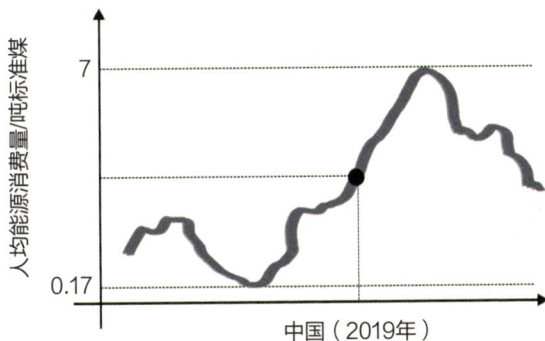

人均能源消费量/吨标准煤

7

0.17

中国（2019年）

如果还没有概念，那么可以做个比较，这个 1.7 吨标准煤的水平基本上相当于我国北方农村冬季采暖的人均用煤量。

1.7吨标准煤？
或

IPCC是让我回到中世纪生活吗？这点能源也就够冬天取暖的。

先别急，
IPCC绝对不是针对你。

我可以负责任地告诉你：

IPCC 绝对不是要降低我们的生活质量，恰恰相反，IPCC 建议通过行为模式和消费模式的改变，同时在科技的支撑下，我们可以获得更高质量的生活。

低碳

节水

新能源

光盘

垃圾分类

可回收物　其他垃圾

厨余垃圾　有害垃圾

自然光

合理温度

能源多未必增加我们的幸福感。
你现在拿 3 部手机聊天，
幸福吗？

我的天！

我希望全球断电1小时。

从大趋势来说，全球一次能源消费未来会不断下降，其根本原因是能源利用效率的大幅提升。

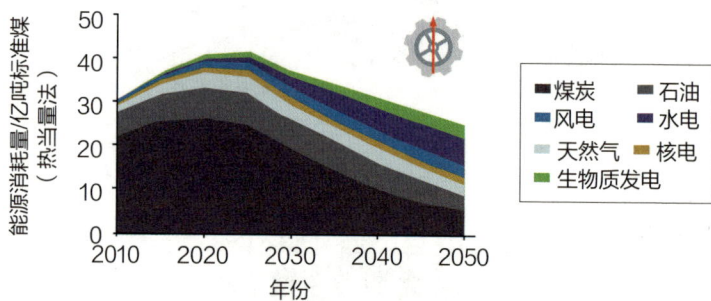

全球高水平人类发展所需的能源到 2050 年可能会减少到 1950 年的水平。现在全球能源系统的流动从最初的 511 艾焦到用户（服务端）手里就剩下 72 艾焦了，86% 的能源被浪费了。

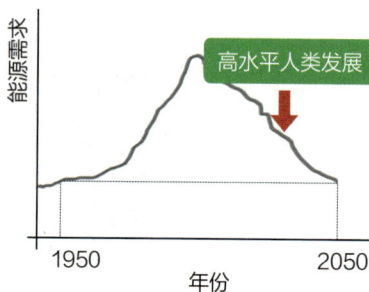

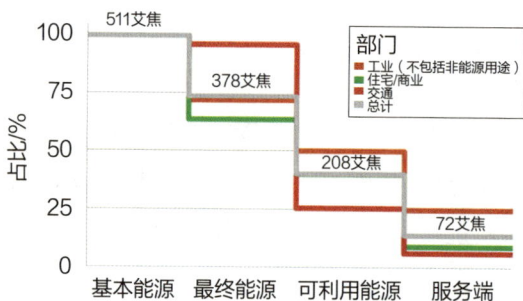

太吓人了！

就像古代人烤火，点一堆火周围人能获得的热量可能还不到燃烧热量的10%。

我们现在更像中世纪用能。

从现在的能效水平来看，如果用户端（消费端）节约1个单位的能源，能源生产端就会少生产7个单位的能源。

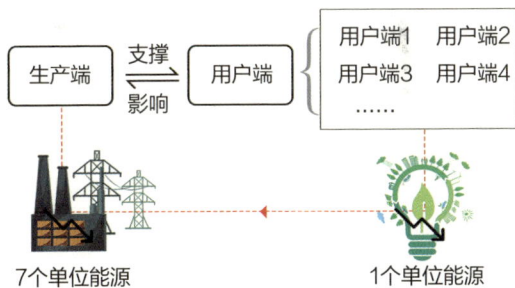

生产端 —— 支撑 / 影响 —— 用户端 { 用户端1　用户端2　用户端3　用户端4　…… }

7个单位能源　　　　　　1个单位能源

我们的节能技术正在飞速发展，举一个具体的例子。

从英国 1700—2000 年单位能源消费量所产生的照明亮度变化就可以感受到能源技术的发展速度。

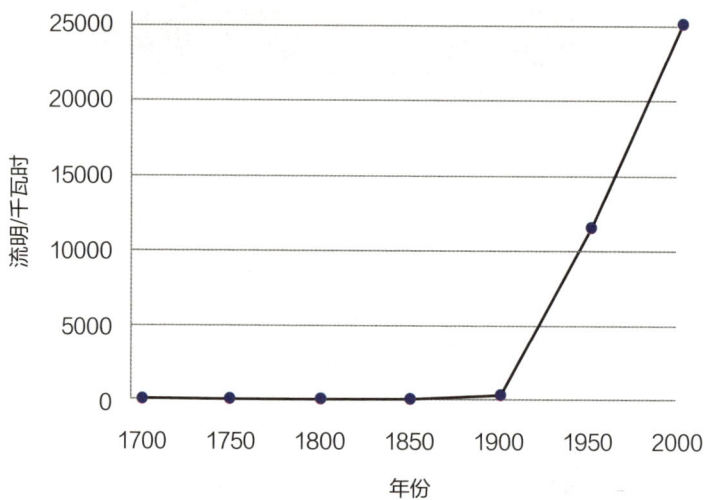

再举一个我们身边的例子，现在电动汽车的动能回收装
置能回收 10% ～ 30% 的能量。

相当于节能10%～30%。

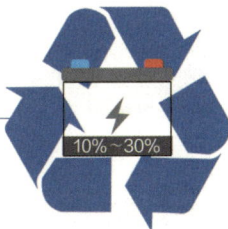

马斯克的特斯拉 Giga Texas 工厂，仅工厂布局的优化就能使生产效率
大幅提升，Giga Texas 生产 1 辆特斯拉汽车的时间是百年老店奔驰的
成熟生产线——奔驰 C 级车的一半。

以前：许多不同的建筑供应商

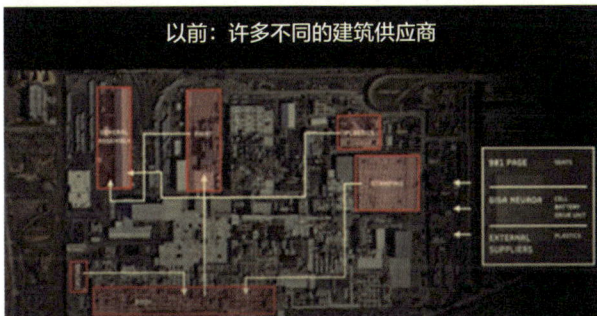

现在：一切都在同一个屋檐下

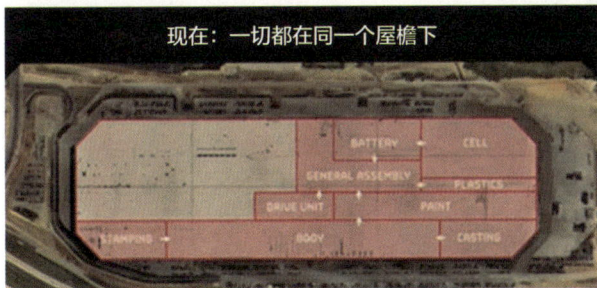

这不就是小孩搭积木吗?

以搭积木的方式整理房间,这样找东西的效率至少可以提高10倍。

在信息传输领域,从 1G 到 5G,单位能量传输的信息提高了 5 个数量级。

注意不是5倍,而是5个数量级哦!

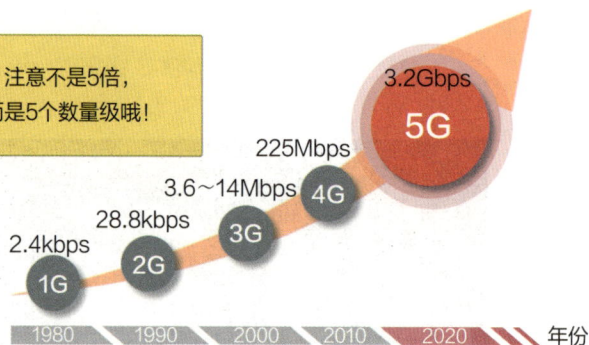

3.2Gbps

5G

225Mbps

3.6~14Mbps 4G

28.8kbps 3G

2.4kbps 2G

1G

1980  1990  2000  2010  2020  年份

我的金钱决定我的社会地位。

另外,现在仍然存在使用超高能源的炫富式、奢侈性消费方式。

语文

名牌

比如花你几万元买的包能
比我花几十元买的包
功能提升几千倍?

语文

普通

我也不想啊!
可是闺蜜都这样,
我也不想被别人叫"老土"。

所以说,很多奢侈性消费其实就是
"囚徒困境"。

部分人拼命炫富,甚至不断升级,沉浸于某些圈子里的名利场游戏。但事实上,这与我国的主流价值观相背离,因而并不会提高他们在全社会的地位。

社会阶层金字塔

唯一的影响是增加了全社会的能源消费和碳排放，这是你要说的吧。

是的。IPCC破解这种"囚徒困境"的方法非常简单。

提倡简约、体面的生活，你在浪费，别人在受罪。

低碳达人才会受到社会的尊重，联合国说的！

**参考文献**

[1] IPCC. Climate change 2022: mitigation of climate change [M]. Cambridge, UK and New York, NY, USA: Cambridge University Press, 2022.

# 你愿意住水泥房子、铁房子还是木房子？

全球建筑部门一年排放 120 亿吨二氧化碳当量，占全球总排放量的 21%。

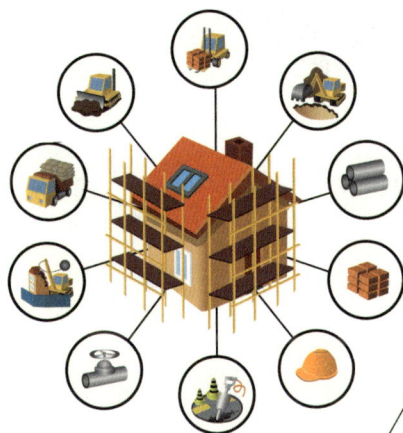

这个排放里面包括建筑运行直接排放（用煤、用气等），用电、用热的间接排放，以及建筑材料的隐含排放。

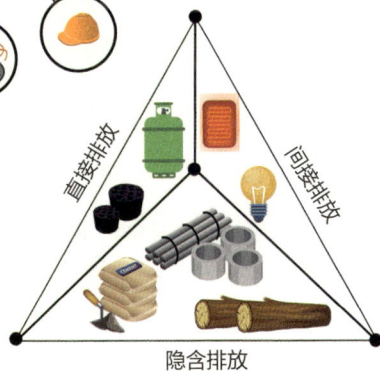

直接排放

间接排放

隐含排放

Carbon Talk
一分钟让碳

建筑排放占比不应该很高吗？所有排放不都是在一个固定设备里吗？

咱们通常说的建筑，是不包括工业建筑或者厂房的，主要指居民建筑和公共建筑。

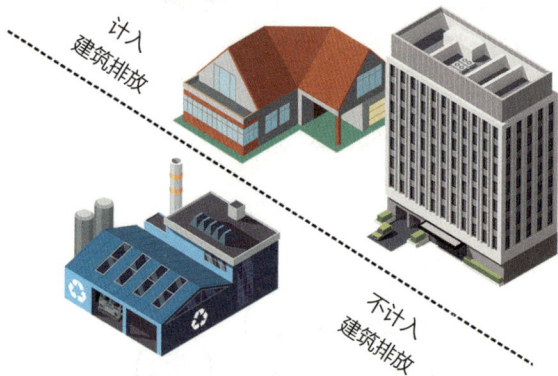

计入
建筑排放

不计入
建筑排放

建筑排放中很大一部分是水泥和钢铁等建筑材料的隐含排放，占建筑排放的18%。

水泥和钢铁可都是高排放产品。

1吨
水泥

0.76吨
二氧化碳当量

1吨
钢铁

4.08吨
二氧化碳当量

所以，建筑材料的改革是建筑碳中和的重要方向，其中一个重要的技术方向是木质建筑材料的推广和应用。

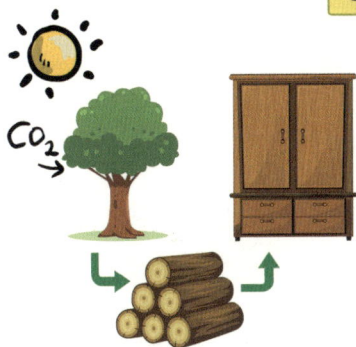

这是让我们重回大唐啊！

木质产品是由植物尤其是森林木材制造的各类产品，相当于可移动的碳汇。

全球 2015 年木制产品碳储量的增加量（相当于木制产品实现的碳汇量）为 3.4 亿吨二氧化碳当量。

到 2050 年，如果使用木材替代混凝土和钢材作为建筑材料，每年可以实现 7.8 亿～ 17.3 亿吨的二氧化碳减排量。

这个体量够惊人的！

因为建筑体量本身也非常惊人啊！

大量现代化的木质建筑已经开始不断出现了。木质建材经过处理可以具备很好的阻燃性和承重性。

瑞士苏黎世 Tamedia 办公楼是 7 层木质建筑，于 2013 年落成。整个建筑采用传统木建筑的理念，很少使用金属连接件。

瑞典的 Sara Kulturhus 文化中心高 75
米，是一栋集剧院、画廊、公共图书馆、
会议中心、屋顶温泉和一个四星级酒店
为一体的木结构综合体建筑。

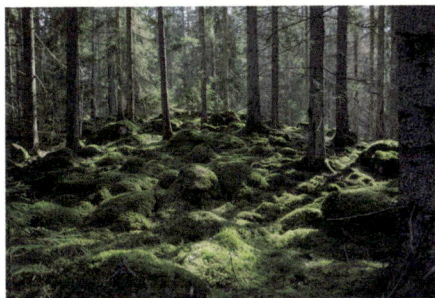

瑞典木材丰富，其森林原则
上 100 年更新一轮，一年可
以采伐 1% 的森林，被砍伐
的森林能够提供大量木材。

如果你喜欢住水泥房子，
那么你是传统型。未来，建筑水泥
也有很多低碳技术，买房或者装修
时可以作为重要参考。

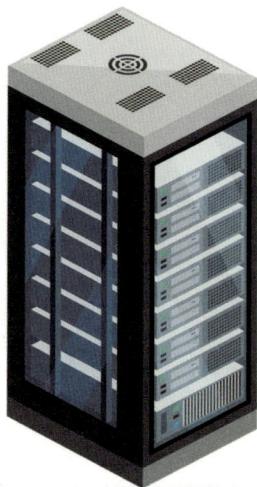

如果你喜欢住铁房子，那么你是简约型。当前钢架结构的房子很多，在欧美多为办公建筑，其拆卸方便，基本没有建筑废弃物，因为钢材可以直接回收再利用。铁房子是低碳的一个重要方向。

如果你喜欢住木房子，那么你是自然型。这是未来碳中和的主流趋势。木质建筑大有可为！买房就等于买碳汇，甚至家具和生活用具等都可以使用木制产品，这些都是你的碳资产啊！

**参考文献**

[1] IPCC. Climate change 2022: mitigation of climate change [M]. Cambridge, UK and New York, NY, USA: Cambridge University Press, 2022.

# 如何改变我们的
# 行为模式？

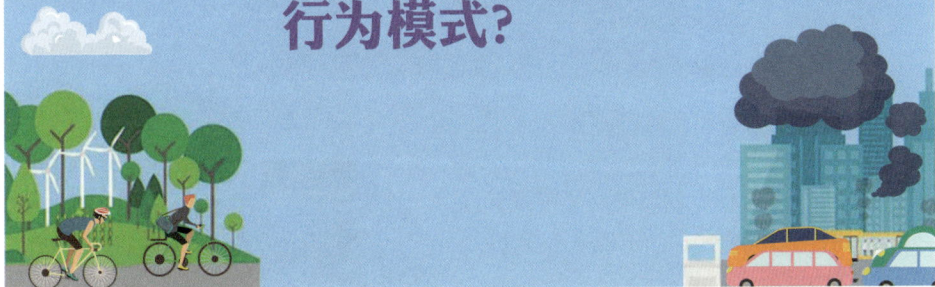

针对人的行为模式改变，IPCC 提出了一些非常有趣的方式，我们不妨试一试，或者推荐给亲朋好友，大家一起体验。

**1** 设置默认环境，
可以达到10%～20%的节能效果

例如，餐厅将一次性餐具放在高处，而将普通餐具放在随手可得的地方，从而营造一种氛围：大家都在使用普通餐具。人都有从众心理，因为不想让自己显得与环境格格不入。

**2** 实时反馈和提醒，
可以达到1.8%～10%的节能效果

例如，夏天在办公室调高空调温度，
开到节能模式时会出现一个声音
"祝贺你，减碳1千克"，这会让
操作者非常有成就感。

低碳达人！

举手之劳

**3** 设计一个用户关心的结果，
可以达到10%～20%的节能效果

例如，宣传画中写道：全球每人
多开1天车，全球1天就多排
0.1亿吨二氧化碳。

就像烟盒上设计有非常
恐怖的肺部受吸烟污染
的照片。

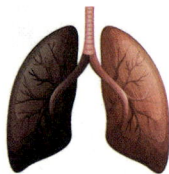

**4** 尽可能多和直观地展示信息，
可以达到2%～18%的节能效果

例如，产品在显著位置贴上碳足迹标签等。如果产品上都标明该产品全生命周期的碳排放，公众就会不自知地选择排放低的产品。

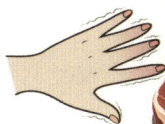

重　量：1千克
碳足迹：28.73千克
二氧化碳当量

**5** 公开承诺，
可以达到10%～22%的节能效果

第一招：每天说服 **5** 个闺蜜放弃开车
而步行或骑自行车上下班

我的承诺！

鼓励公众做出承诺并公开，公开在哪里都可以，如朋友圈或者微博。
就像"一分钟扯碳"漫画系列的第一本书中小叶承诺的那样，说服5个闺蜜，实现个人碳中和。

**6** 传递一个规范或者标准，
可以达到2%～18%的节能效果

不一定要通过政府行政命令，可以由社区或者团体自发传播，接受的人越多，影响力就越大。就像随地吐痰，如果整个社区的居民都不随地吐痰，你绝对不好意思随地吐痰。

不美观

有一个经典案例，欧洲推行以节能灯替代白炽灯时受到了很大阻力。普通公众惯性地认为，节能灯发出"冷"光不美观。

于是环境和气候变化的非政府组织开始大力宣传节能灯的优点和白炽灯的低效，逐渐形成了白炽灯与能源浪费相关联的社会文化，从而实现了节能灯及后来 LED 灯的广泛普及和应用。

节约能源

体积小 寿命长

省电费

光效高

**参考文献**

[1] IPCC. Climate change 2022: mitigation of climate change [M]. Cambridge, UK and New York, NY, USA: Cambridge University Press, 2022.

碳中和城市

# 碳中和时代，
# 城市是什么样的角色？

联合国秘书长安东尼奥·古特雷斯（António Guterres）表示：城市是决定我们应对气候变化成败的地方。

| 居住着全球**55%**以上的人口 | 消耗全球**3/4**的能源 | 消费了大部分城市以外生产的食品和商品 | 贡献了全球**70%**以上的$CO_2$排放 |
|---|---|---|---|

城市是全球气候变化的重要贡献者。

预计到 2050 年，全球 68% 的人口
将居住在城市地区。

城市是受气候变化影响最严重的地区之一。全球超过 10% 的人口居住在海拔不到 10 米的城市，日趋严重的气候变化对城市沿海地区构成了严重威胁。

预计到 2050 年，超过 8 亿人居住在 570 多个易受海平面上升 0.5 米影响的沿海城市，16 亿人可能容易受到慢性极端高温的影响，6.5 亿人可能面临缺水问题。

预计到 2070 年，美国马萨诸塞州的波士顿气候将相当于肯塔基州巴德威尔的气候（相当于气候往南移动了 6 个纬度），夏季最高气温将平均升高 5℃，降水量将增加 49 毫米。

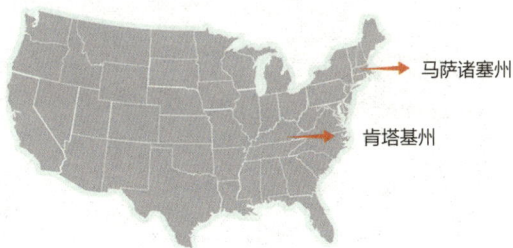

马萨诸塞州

肯塔基州

如果全球升温 4℃，上海大约有 2200 万人生活在海平面上升的风险中。

看看全球升温4℃和2℃，上海多少地方被淹？

人口、经济、科技、创新在城市高度集中，城市是应对气候变化的引领者和绝对主力。

城市在能源转型和低碳发展方面有突破性进展，其示范效应和通过生产链的辐射影响将是巨大的。

到底什么是城市？城市的地理边界其实不是非常清楚。城市本质上是人口聚集区。

**联合国对城市的定义**

"城市"一词可以指政治或公民实体、地理单位、经济体等，在某些情况下，社区、邻里、大型厂区或者矿区都可能被归入"城市"一词。

中国的城市（地级城市）是一个行政区域概念，更像是包括许多个城市的城市群。

城市人口规模差异巨大，从几十万人口（英国的牛津城）到千万人口（日本东京），北京天通苑社区的人口差不多相当于欧洲一个大城市的规模。

城市已经站到碳中和的浪潮之巅。34 个国家 / 地区的 1900 多个城市已宣布气候紧急声明（climate emergency declarations），其中至少有 231 个城市政府在其提出宣言的同时提交了气候行动计划。

> **> 1900**
> 个城市宣布
> 气候紧急声明

**啥是气候紧急声明？**

气候紧急声明（climate emergency declarations）指各国政府承认气候危机并承诺采取积极行动。2021年6月，34个国家/地区的1900多个城市政府发布了气候紧急声明，覆盖的人口超过10亿。

全球 10500 多个城市提出了碳减排目标，约 800 个城市提出净零排放。净零排放目标的数量比 2019 年增加了约 8 倍，这意味着约有 7 亿人生活在一个净零目标的城市中。

> **CO2 NEUTRAL**

**城市净零目标都是哪一年？**

阿德莱德（澳大利亚）和哥本哈根（丹麦）等一些城市的目标是到2025年实现净零排放，大多数城市的目标年是2050年。

截至 2020 年年底，有 1300 个城市在积极推进可再生能源发展，超过
10 亿人生活在制定了可再生能源目标和 / 或政策的城市。

**837个**
城市
制定了
可再生
能源目标

**796个**
城市
承诺了
净零排放

**67个**
城市
制定了
电动汽车
规划

**163个**
城市政府
已从化石
燃料撤资

72 个国家 / 地区的 834 个
城市政府至少在一个部门
（电力、供暖和制冷和 /
或交通）设定了可再生能源目
标，其中超过 610 个城市设
定了能源零碳目标（100%
可再生能源目标）。

城市在零碳转型中也释放出了惊人的
创造力，包括太阳能花园（社区太阳
能项目）、异地可再生能源协议等。

**参考文献**

[1] REN21. Renewables in cities 2021 global status report (Paris: REN21 Secretariat) [EB/OL].(2021-09-02)[2023-07-20].https://www.ren21.net/cities-2021/.

[2] McKinsey & Company. Focused adaptation- A strategic approach to climate adaptation in cities [EB/OL]. (2021-07-01) [2023-07-22] . https://www.c40knowledgehub.org/s/article/Focused-Adaptation-A-strategic-approach-to-climate-adaptation-in-cities?language=en_US.

[3] Hawker L, Neal J, Bates P. Accuracy assessment of the TanDEM-X 90 Digital Elevation Model for selected floodplain sites [J]. Remote Sensing of Environment. 2019,232:111319. doi:10.1016/j.rse.2019.111319.

[4] National geographic. Weather and climate patterns around the world are already shifting because of human-caused climate change[EB/OL]. (2021-07-15)[2023-08-06]. https://www.nationalgeographic.com/.

[5] Google. Sea level rise and the fate of coastal cities - Google Earth[EB/OL]. (2021-08-22)[2023-08-12]. https://earth.google.com.

# 能源脱碳，电力是关键

城市碳中和不仅包括城市自己的二氧化碳直接排放，还包括城市从外部购买电、热和产品导致的间接排放。间接排放量往往会超过直接排放量。

城市靠什么实现碳中和？核心是能源脱碳，因为绝大部分的二氧化碳排放来自化石能源。

全球有 617 个城市为市政运营或全市能源使用设定了 100% 可再生能源目标，其中大部分针对电力。125 个城市（仅美国就有 47 个）到 2020 年年底已经实现了 100% 可再生电力目标。

美国休斯敦（得克萨斯州）已经实现了其市政运营使用 100% 可再生电力供电，这使其成为完全由可再生能源供电的美国最大城市。

到 2020 年年底，至少有 799 个城市政府制定了可再生能源政策（共有 1107 项政策），包括监管政策（394 项政策）、财政和金融激励政策（155 项政策）和支持可再生能源的间接政策（558 项政策）。

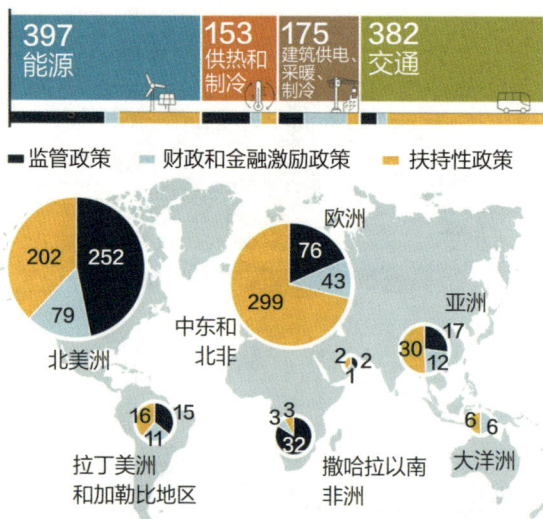

城市用电占全球电力消费的 75% 以上，电能已经成为城市能源脱碳的重要阵地。

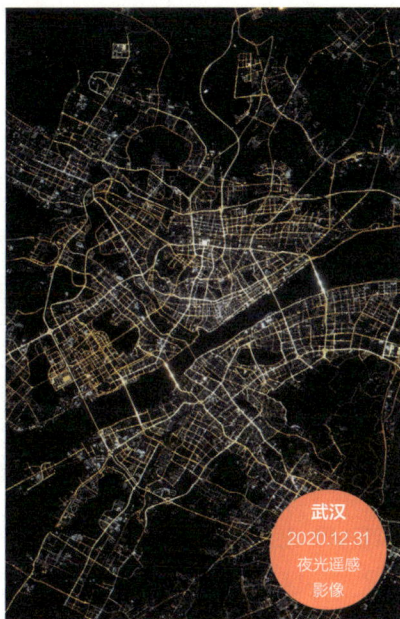

武汉
2020.12.31
夜光遥感
影像

不仅是白天，城市的夜晚也
消耗了大量电力。这些电力
中的很大一部分都来自城市
以外的地区。

如 2020 年，武汉市全社
会用电量达 568.79 亿千瓦
时，仅用电导致的二氧化碳
排放量就达 3400 万吨。

西安
外调电力排放2443万吨，
占总排放的53%。

杭州
外调电力排放3686万吨，
占总排放的45%。

广州
外调电力排放3055万吨，
占总排放的37%。

北京
外调电力排放4220万吨，
占总排放的32%。

中国城市由外调电力导
致的间接排放占总排放
的比例也相当显著。

购买低碳电力成为城市能源脱碳的主战场。在能源采购和使用的背景下，没有一个城市是一座孤岛。所有城市都与更大的区域能源系统和基础设施联系在一起。

城市通过自身的零碳需求和活动脉搏，由点及面驱动着更广泛区域的能源脱碳。城市成为全球能源脱碳当之无愧的引领者。

全球城市电力脱碳的方法百花齐放，新花样层出不穷。城市的税收政策也能对家庭电力脱碳产生意想不到的效果。巴西帕尔马斯市（Palmas）的 Palmas Solar 项目为家庭安装太阳能提供税收优惠。用户安装太阳能电池板可获得折扣最高 80% 的 2 种市政税——财产税和城市税、土地税和房地产转让税——为期 5 年。

**参考文献**

[1] REN21. Renewables in cities 2021 global status report (Paris: REN21 Secretariat) [EB/OL].(2021-09-02)[2023-07-20].https://www.ren21.net/cities-2021/.

# 购电协议，城市电力脱碳的"大杀器"

通过购电协议实现城市绿电，是全球城市电力脱碳的重要手段。

**购电协议（power purchase agreements）**

购电协议是长期合同，买方同意在合同期限内以固定价格购买可再生能源电力。购电协议通常包括3个要素：电力或热力的数量、价格和合同期限。

购电协议有利于获得优惠价格，更重要的是，稳定和大量的需求是提供商生产可再生能源的压舱石。

美国可以购买绿色电力的家庭比例从 2016 年的 14% 增加到 2020 年的 20%，实际购买绿色电力的家庭比例从 6% 增加到 11%。

利用购电协议，澳大利亚阿德莱德市的市政运营实现了 100% 可再生能源：从 2020 年 7 月起使用来自南澳大利亚中北部的太阳能发电和东南部的风力发电。这份长期承诺支持阿德莱德市实现 2025 年碳中和目标。

可是购电协议存在一个可再生能源额外性的问题，甚至受到了质疑。

荷兰铁路公司（Nederlandse spoorwegen）表示，其通过购买海上风电实现了客户旅行"气候中性"。然而，该公司超过一半的可再生能源来自荷兰，其余来自比利时、芬兰和瑞典。这些可再生能源项目也纳入了其本国政府规划和低碳发展战略中，所以是否存在一个可再生能源项目同时满足多个目标或用户需求的问题呢？

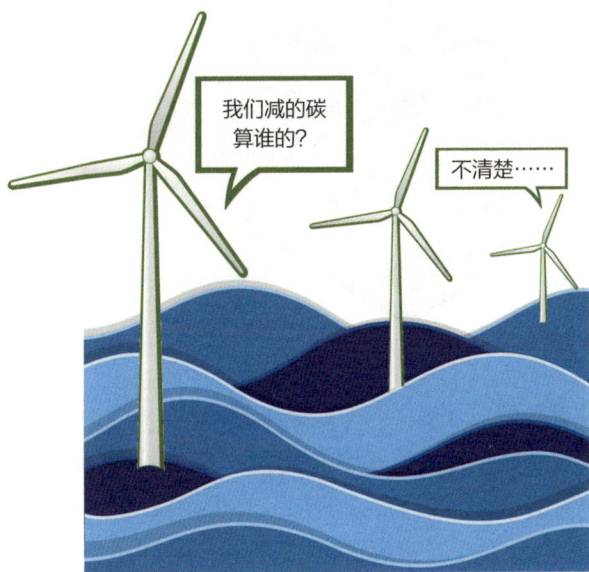

我们减的碳算谁的？

不清楚……

这有点类似我们之前说到的中国绿电和国家核证自愿减排量（CCER）。更可能出现的一种场景是，如果A市的可再生能源项目产生的CCER出售给B市，那A市的减排目标和规划还能再计算该可再生能源项目的贡献吗？

美国流行的是组团购电协议，即可再生能源电力社区团购（community choice aggregation，CCA），由市政当局汇总城市居民需求，再与能源生产商直接签署合同。

美国可再生能源电力社区团购的数量从 2000 年的 3 个增加到现在的数百个。仅在加利福尼亚州就已有 182 个市（县）使用，满足了超过 1200 万电力客户的需求。2020 年，加利福尼亚州的 14 个市（县）为客户提供了 100% 可再生电力。

2021年9月，中国开展了绿色电力交易试点工作，光电、风电项目的清洁绿色电力将可以直接在交易所进行交易。

北京也在当月公布了《北京市2021年外购绿电交易试点工作实施方案（试行）》。北京地区2021年9—12月外购绿色电力试点交易电量规模约为1.2亿千瓦时。

附件：

**北京市2021年外购绿电交易试点**
**工作实施方案**
**（试行）**

为深入贯彻落实党中央、国务院关于力争2030年前实现碳达峰、2060年前实现碳中和战略部署，积极服务北京"碳达峰、碳中和"战略，助力首都绿色低碳发展，有序推进北京地区可再生能源电力交易市场建设，持续提高北京绿电使用比例，根据国家发展和改革委员会关于绿色电力交易试点工作的有关要求并经批准，依据《北京电力交易中心绿色电力交易试点实施细则（试行）》，首都电力交易中心有限公司制定了《北京市2021年外购绿电交易试点工作实施方案（试行）》。

天津市电力公司外购绿电至天津港国际码头，助力智能化集装码头、港口岸电建设，每年可为大型邮轮充电1890万千瓦时。

**参考文献**

[1] REN21. Renewables in cities 2021 global status report (Paris: REN21 Secretariat) [EB/OL].(2021-09-02)[2023-07-20].https://www.ren21.net/cities-2021/.

# 可再生能源地图是啥？

绿色税收也是城市能源脱碳的重要手段，即对特定可再生能源电力用户实施价格优惠。

## 绿色税收计划（electricity via green tariff programmes）

城市允许大型商业、工业及居民社区客户通过特殊的绿色电价从特定项目购买捆绑式可再生电力，由城市公用事业委员会批准，这为较大的能源客户提供了一个选择，以满足他们的可再生能源目标，降低长期能源风险。

**86亿千瓦时**

美国16个州和华盛顿特区80多个城市及社区的消费者正在通过绿色税收计划购买可再生电力，每年总计近86亿千瓦时。

### 夏洛特成为美国绿色税收计划人口第一大城市

2020年年初，夏洛特（北卡罗来纳州）成为美国通过绿色税收计划采购可再生电力人口最多的城市。该市正在与开发商合作开发一个35兆瓦的太阳能光伏项目，杜克能源公司将购买该项目产生的电力并输送到夏洛特。

优惠价

陕西省将关中地区 320 多万散煤采暖户改为使用可再生能源供暖，居民每度电（每千瓦时）可以享受 0.1 元的优惠，成交电量 23.73 亿千瓦时。

城市还可以自己上阵实现可再生能源发电。许多城市已经建立了小规模的现场或社区太阳能项目，以作为实现其电力脱碳目标的第一步。

**许多是哪些？**

美国许多城市，包括辛辛那提（俄亥俄州）、檀香山（夏威夷）、洛杉矶、圣地亚哥和圣何塞（加利福尼亚州）、新奥尔良（路易斯安那州）和凤凰城（亚利桑那州）都已经建立了现场或社区太阳能项目以实现可再生能源发电。洛杉矶的政府部门、居民和企业已经安装了约 440 兆瓦的并网太阳能光伏发电，供应了城市约 11% 的电力，并使洛杉矶成为美国并网太阳能光伏发电的第一大城市。

纽约市于 2019 年启动了一项计划，即将其许多屋顶和停车场出租用于太阳能项目，并提出了计划到 2025 年在其公共建筑上安装 100 兆瓦的目标。

城市如何规划设计可再生能源发电？可以开发城市可再生能源地图，以供公众和企业使用。

**啥是可再生能源地图？**

对于许多城市，机场、主要铁路和公路沿线、水库、屋顶和空地等位置存在巨大的可再生能源开发潜力。建立可再生能源地图（如太阳能地图）支持用户评估安装太阳能光伏或太阳能热系统的潜力和成本，从而有力促进了用户更多地使用太阳能。

把可再生能源发展和乡村振兴联系起来是城市的一个"双赢"选择。越来越多的城市认识到可再生能源技术在减轻能源贫困方面的潜力。

在发展中国家，可再生能源有助于低收入群体获取现代化能源（电力）；在发达国家，可再生能源有助于减少低收入群体的能源（电力、供暖和制冷等）负担。

**城市可再生能源扶贫的案例**

一些城市制定了政策战略，部署太阳能系统来对抗能源贫困。撒哈拉以南非洲的主要城市和城郊地区，如阿鲁沙（坦桑尼亚）和拉各斯（尼日利亚）的家庭太阳能系统推动了当地电力获取；檀香山（美国夏威夷）市政府为低收入群体提供了安装太阳能热水系统的贷款；2017 年，Porto Torres（意大利）市政府设立了25万欧元的循环基金，用于支持低收入家庭安装屋顶太阳能。

江西赣州黄沙村利用荒山坡顶、鱼塘水面、屋顶分布安装太阳能电池板，用于发展"光伏 + 扶贫"产业，以"光伏扶贫"为模式，累计带动帮扶贫困户 700 余户。

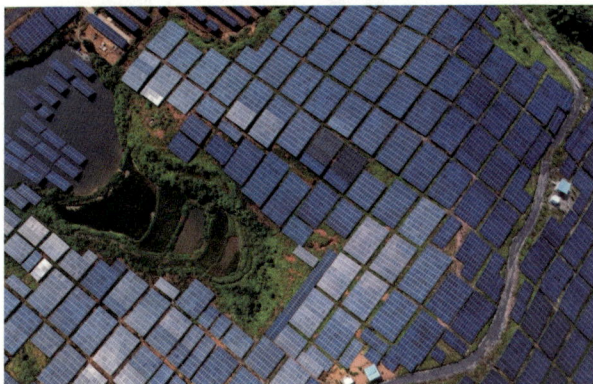

城市还有其他可再生能源宝藏等待挖掘，如生活垃圾、生物质等。

### 欧美城市怎么利用生活垃圾生产甲烷为城市提供零碳能源

生活垃圾可以制造甲烷，并用作运输燃料或注入城市天然气管道。生物甲烷工厂变得越来越普遍，特别是在欧洲，其工厂数量在2018—2020年增长了51%，从483座增加到729座。里尔（法国）每年将超过10.8万吨的生活垃圾转化为生物甲烷，为该市一半的公交车队提供燃料。2020年，布里斯托尔（英国）以厌氧方式处理餐厨垃圾产生甲烷，为城市巴士提供燃料。多伦多（加拿大）与天然气公司Enbridge Gas合作，在Dufferin固体废物管理厂安装沼气升级设备，用于生产甲烷，每年可生产约330万立方米的生物甲烷，用于注入天然气分配网。

城市的氢能和储能技术在城市能源脱碳中发挥着越来越重要的作用。

2020 年，洛杉矶（美国加利福尼亚州）计划采用联合方法（升级传输和氢能存储）来支持其 100% 可再生电力的目标。

### 看看洛杉矶的升级传输和增强存储？

洛杉矶计划在地下盐穴中进行储氢。可再生电力（通过电解）产生的氢气将用于储存，从而灵活储存和使用波动性较大的可再生能源发电。该市还将建立额外的输电互连，以适应洛杉矶和新发电设施之间的双向电力流动，从而有效整合可再生能源。2025年该项目完成后，电力网络上将有30%的可再生能源，2045年将实现100%可再生能源。

英国伦敦也通过储能来调整系统需求以匹配可再生能源供应。

### 伦敦的家庭储电

在一个试点项目中，伦敦的一些家庭部署电池存储以允许居民消费者在非高峰时段（以较低成本）购买多余电力，然后将这些电力储存起来以备需求高峰时使用。这种方法非常有利于负载匹配和电网管理，同时降低供电成本。

2021年11月,我国首座氢能进万家智慧能源示范社区项目在佛山市南海区正式投运。该项目旨在把普通的居民社区建设成一个拥有风、光、电、气多种能源互补系统的智慧能源社区,使碳排放降低50%。

图片来源于佛山日报官方网站"佛山在线"

河北省张家口市在建的200兆瓦氢储能发电工程是目前全球最大的氢储能发电项目,涉及可再生能源发电、削峰电能电解水制氢技术、金属固态储氢技术和燃料电池发电技术等,是可再生能源利用和氢能应用的黄金组合。

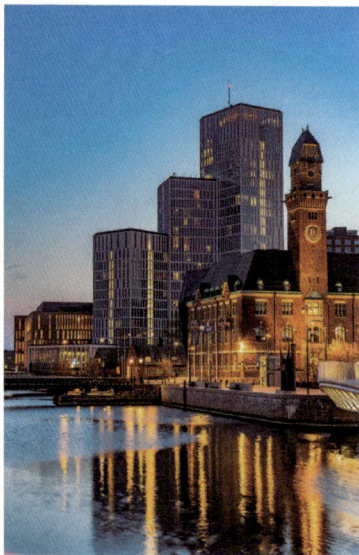

城市完全实现 100% 非化石能源需要打"组合拳"。瑞典的马尔默市（Malm）把风能和废弃物的潜力发挥到了极限，当前已经实现了 43% 可再生能源占比。

**马尔默市的"组合拳"**

马尔默市的目标是整个城市，要在 2030 年实现 100% 可再生能源，目前可再生能源占比是 43%，主要来自风能。当前最大的挑战来自供暖脱碳。下一步，马尔默市将收集瑞典南部所有城市的废弃物，并使其生产能源再进入区域供热网络。

美国奥兰多市（Orlando）的电力可再生能源结构十分多样。

**美国垃圾填埋场上的太阳能农场**

2020 年，奥兰多的目标是到 2030 年减少 50% 的碳排放，到 2040 年减少 75% 的碳排放，到 2050 年实现碳中和。其核心措施是电力可再生能源结构的多样化。太阳能光伏仍将是新能源的主要来源，奥兰多将投资在能源存储和其他相关技术方面，以确保可靠性和弹性。奥兰多从 Kenneth P. Ksionek 太阳能农场（12.6 兆瓦）购买电力，该太阳能农场是美国第一个在垃圾填埋场上建设的太阳能农场。2020 年，奥兰多又支持建设了 2 个新的太阳能光伏农场——位于圣克劳德的 Harmony 太阳能中心和位于东橙县的 Taylor Creek 太阳能中心，能够为 3 万个家庭供电。

英国牛津市的目标是到 2030 年实现净零排放，
比英国的国家目标提前 20 年。

**牛津为啥这么牛？**

牛津市议会推进了能源存储项目——牛津能源超级枢纽（ESO）预计成为世界上最大的混合储能系统，50兆瓦规模的电池将支持电动汽车充电站和地源热泵网络。该项目能够整合多种能源来管理能源需求。

**参考文献**

[1] REN21. Renewables in cities 2021 global status report (Paris: REN21 Secretariat) [EB/OL]. (2021-09-02) [2023-07-20]. https://www.ren21.net/cities-2021/.

[2] C Le Quere, JI Korsbakken, C Wilson, et al. Drivers of declining $CO_2$ emissions in 18 developed economies [J]. Nature Climate Change, 2019, 9(3):213-218.

[3] J Ikaheimo, R Weiss, J Kiviluoma, et al. Impact of power-to-gas on the cost and design of the future low-carbon urban energy system [J]. Applied Energy, 2022, 305: 117713.

[4] Xintong Wei, Rui Qiu, Yongtu Liang, et al. Roadmap to carbon emissions neutral industrial parks: energy, economic and environmental analysis [J]. Energy, 2022, 238: 121732.

[5] D Wojciech, K Grzegorz, C Marzena, et al. Determinants of decarbonization—how to realize sustainable and low carbon cities? [J] Energies, 2021, 13: 2640.

# 城市供暖和供冷
# 如何实现碳中和？

城市的供暖和供冷需求导致的
二氧化碳排放往往是仅次于电力
部门排放的重要排放。

斯堪的纳维亚半岛、挪威的拜鲁姆（Baerum）和丹麦的赫尔辛格
（Helsingör）制定了在区域供热中使用 100% 可再生能源的目标，赫尔
辛格供热系统完全依赖生物能源。

海德堡是德国能源和气候领域的领跑者，其目标是2050年实现气候中和。2020年，城市供热网络已使用50%的可再生能源。

城市更为普遍的做法是推行和使用热泵技术。就像水泵是传递水的系统一样，热泵就是传递热量的技术系统。

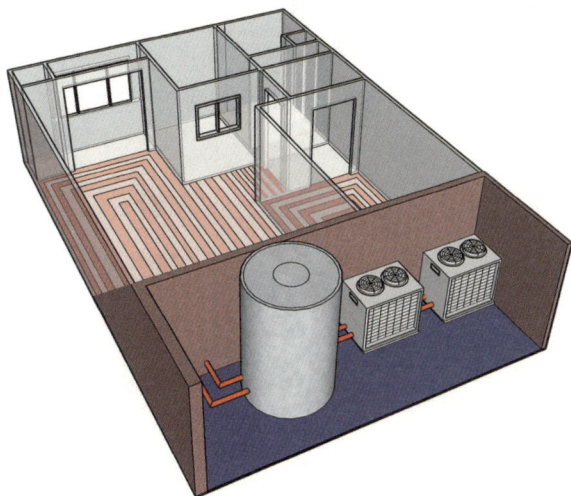

热泵非常灵活，可以将区域不同来源的热量（空气、地表水、地下水、工业废热等）整合利用，高效服务于区域热能需求，所以有空气源热泵、水源热泵、地源热泵等。热泵需要能量输入（通常是电力）来为热量的传输提供动力。

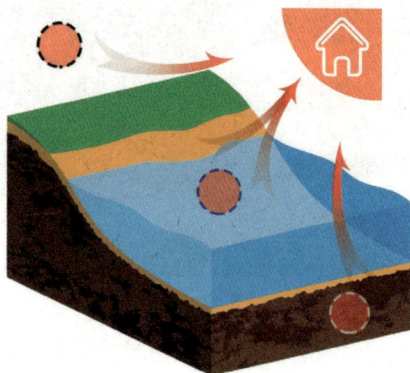

热泵的优点是可以高效整合系统中的能源（包括可再生能源、工业余热等），充分使用系统中的低温热源，最大限度地减少热损失。这样不但有利于调节可再生能源发电的波动性，而且大幅提高了能源利用效率，同时非常有助于淘汰系统中的化石能源。

能源使用率

热泵充当可再生电力供应（太阳能和风能）与热量需求之间的桥梁，允许可再生能源供热，同时通过热需求作为可再生能源波动性的缓冲区，有助于将越来越多的可再生能源整合到电力系统中。

2020 年，全球有近 1.8 亿台热泵用于供暖。热泵已成为许多国家新建房屋中最常见的技术，但当前仅满足了全球建筑供暖需求的 7%。
到 2030 年，预计全球安装的热泵量将达到 6 亿台，
届时热泵供暖将占全球供暖的 22%。

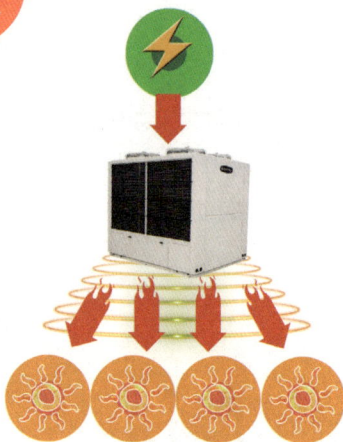

空气源热泵迅速普及，主导着全球新建筑的热泵市场。

热泵的季节性能系数（衡量热泵效率的系数）已经接近 4，意味着 1 个单位的热量输入，可以产生 4 个单位的热量输出。到 2030 年，热泵的季节性能系数将提高到 4.5 ～ 5.5。

美国的博尔德（科罗拉多州）、纽约市和华盛顿特区已与制造商、分销商、公用事业公司等机构合作，通过支持安装电力驱动的高效热泵使建筑物中的供暖和制冷脱碳。

**美国怎样鼓励热泵技术？**

美国将新建住宅地源热泵的26%联邦税收抵免延长至2022年年底。2021年8月，美国加利福尼亚州能源委员会批准了一项新的建筑能源法规，鼓励在新建筑中安装热泵（或作为满足更严格的建筑能效要求的替代方案），该新建筑规范于2023年生效，将热泵设置为基准供暖技术。

中国是世界上第二大区域供暖（DH）国，大部分供暖依靠化石燃料，供暖系统中的可再生能源占比不到1%，低于全球8%的平均水平。

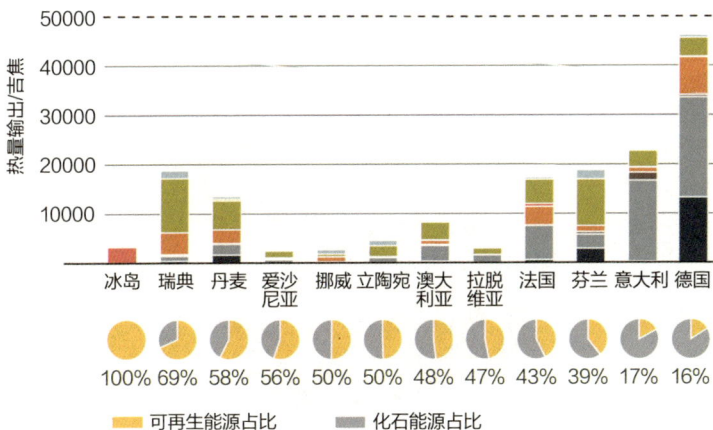

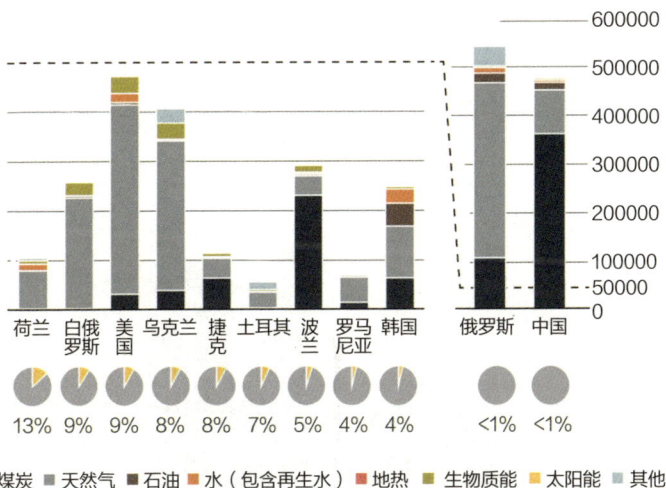

2018年各主要国家按燃料类型分列的区域供暖可再生能源份额

中国的一些城市已经开展了积极努力，逐步提高了太阳能、地热及其他非化石能源供暖的比例。中国还出台了《大气污染防治行动计划》，其中推出了空气源热泵补贴政策，如北京、天津和山西每户补贴 2.4 万～ 2.9 万元人民币。

空气热泵
安装补贴

北京、南京、珠海等城市均要求低于 12 层的新居民楼为每个家庭安装太阳能热水系统；对于较高的建筑物，该系统必须安装到第 12 层。

太阳能供暖系统已在广东深圳、山东邹平等城市投入运行。中国最大的地热供暖系统在陕西省沣西新城上线，中国最大的水源热泵区域的供冷供热网络已经在重庆江北嘴中央商务区的公共建筑中运行。

山东省海阳市于 2021 年开始全部实现核能供暖，成为全国首个"零碳"供暖城市。海阳城区 450 万平方米的 20 万居民全部用上了核能供热。

**参考文献**

[1] REN21. Renewables in cities 2021 global status report (Paris: REN21 Secretariat) [EB/OL].(2021-09-02)[2023-07-20].https://www.ren21.net/cities-2021/.
[2] IEA. Tracking heat pumps 2021[EB/OL].(2021-04-01)[2023-08-19]. https://www.iea.org/reports/tracking-heat-pumps-2021/.

# 净零排放建筑如何实现？

城市物理上是建筑的集群，建筑是能源使用和碳排放的物理载体。全球越来越多的城市将建筑中的能源效率与可再生能源和碳中和联系起来。

2020 年年底，全球共有 10 个国家 53 个城市已经出台或计划禁止或限制在建筑物中使用天然气、石油或煤炭。

有些城市直接给建筑设定能源消费上限。例如，瑞典斯德哥尔摩市要求在市政分配的土地上新建建筑每平方米的能源消耗（包括电力和供暖、制冷）最高为 55 千瓦时 / 年，该市新建建筑的能源使用量平均比国家水平值低 30%。

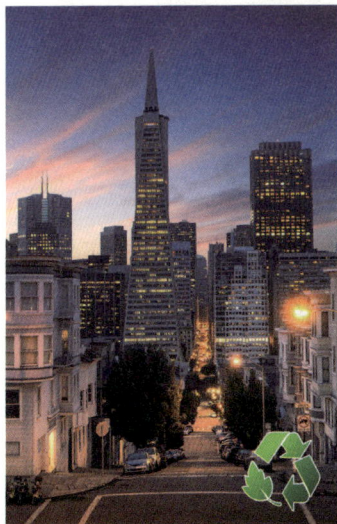

**我国的建筑能耗是啥水平？**

2018 年，我国建筑能耗 10 亿吨标准煤，建筑面积 671 亿平方米，建筑碳排放 21 亿吨二氧化碳，所以我国建筑运行阶段平均能耗为 36.9 千瓦时/年。

美国旧金山市规定，到 2030 年所有超过 5 万平方英尺（4645 平方米）的商业建筑都必须使用可再生电力。

比利时鲁汶市通过改造 60% 的现有建筑将其能耗降低到尽可能的最低值，剩余 40% 的建筑考虑使用可再生能源。

建筑中使用可再生能源的确有很多困难，如缺乏合适的安装空间；没有合适的屋顶安装太阳能；居民是租户而不是业主，没有权利操作。此外，也会面临与遗产相关的限制。

为了解决这些问题，城市和地方政府采取
了多种方法。

一是太阳能花园（社区集资建设
的太阳能项目）。参与社区集资
太阳能项目的住户根据他们在项
目中的个人投资份额按比例获得
电费抵免。

二是太阳能虚拟网络计量。允许用户通过电网虚拟购买可再生能源，以
抵消自己的电力消耗。印度德里市在 2019 年修订了太阳能政策，引入
了虚拟计量，允许没有合适屋顶的居民和企业投资太阳能系统，克服了
人口稠密城市太阳能建设和发展的困难。

三是城市建筑太阳能绩效单。系统评估城市新建建筑屋顶空间中配备太阳能光伏或太阳能热系统的比例，并形成城市之间的竞跑关系。

德国人口数量排名前 14 位的城市中，汉诺威和纽伦堡利用了近一半的可用屋顶潜力，汉堡和慕尼黑利用了不到 10%。这样的评估可以突出哪些城市在新建建筑采用太阳能方面（无论是建筑集成、屋顶光伏还是太阳能热能）最为成功。

四是太阳能指令。国家层面的太阳能指令已被证明能够促进太阳能的快速发展。为了应对 20 世纪 70 年代的石油危机，以色列强制要求在新住宅建筑中安装太阳能热水器。住宅太阳能热水系统是以色列建筑的标配。

澳大利亚维多利亚州 2005 年颁布了一项太阳能指令，要求住宅业主安装太阳能热水器。2020 年，维多利亚州 70% 的新住宅建筑都配备了太阳能热水系统。

城市太阳能光伏发电潜力巨大。纽约市 2/3 的商业建筑都有适合太阳能光伏的屋顶空间，可供应该市约 14% 的电力消耗，包括住宅、商业和市政需求。

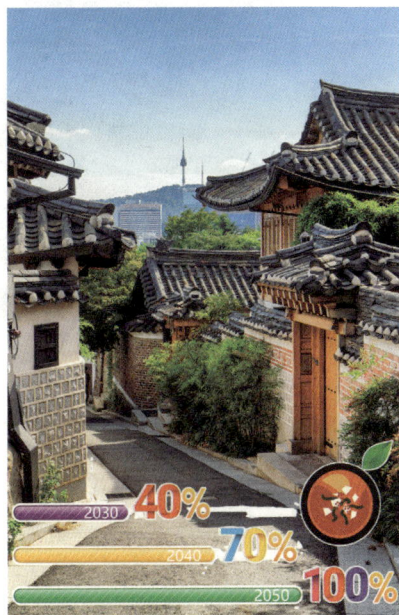

德国柏林太阳能潜力分析发现，利用城市可用屋顶可以满足全市 25% 的电力需求。城市可以通过创建太阳能地图和引入支持性政策更好地挖掘这一潜力。

韩国首尔市的气候目标是 2030 年减排 40%（相较 2005 年水平），2040 年减排 70%，2050 年实现气候中和。2017 年，首尔太阳能城启动，以增加 1 吉瓦峰值的太阳能发电容量为目标，到 2022 年为 100 万户家庭提供了太阳能电池板。

澳大利亚莫纳什大学（墨尔本）于 2010 年安装了第一块校内太阳能电池板，并于 2019 年发起了一项净零计划，旨在到 2030 年实现 100% 可再生能源。

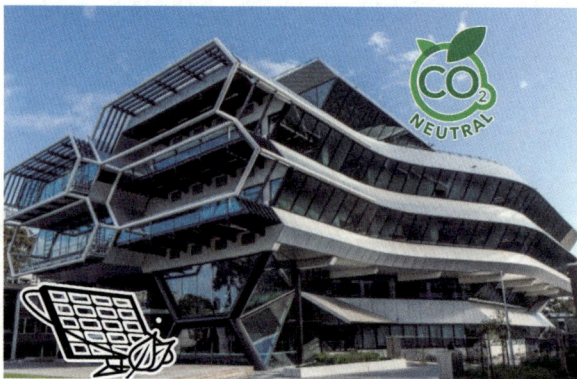

参考文献

[1] REN21. Renewables in cities 2021 global status report (Paris: REN21 Secretariat) [EB/OL].(2021-09-02)[2023-07-20].https://www.ren21.net/cities-2021/.

[2] IEA. Tracking heat pumps 2021.[EB/OL].(2021-04-01)[2023-08-19].https://www.iea.org/reports/tracking-heat-pumps-2021/.

# 城市交通，用电不用油！

许多城市，交通比建筑或工业消耗更多的能源，产生更多的碳排放。城市交通约占全球交通碳排放总量的 40%，但可再生能源在交通中的份额仍然很低，仅为 3.7%（大部分由生物燃料提供）。

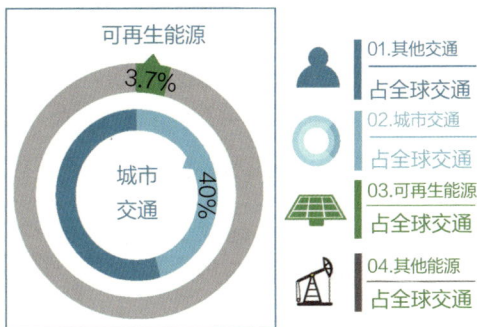

可再生能源
3.7%

城市交通 40%

01.其他交通
占全球交通

02.城市交通
占全球交通

03.可再生能源
占全球交通

04.其他能源
占全球交通

××城市化石燃料汽车交通图

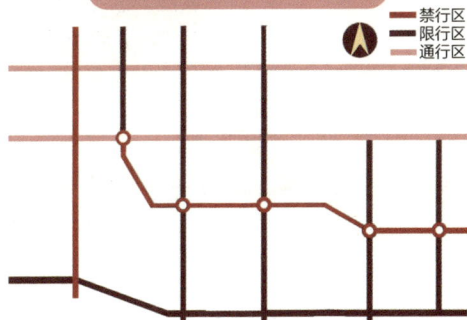

禁行区
限行区
通行区

越来越多的城市就交通化石燃料的使用出台了限制措施。2020 年，至少有 14 个国家对化石燃料汽车交通设置了禁行区 / 限行区。

2020 年，全球 249 个通过或提议的交通低排放区（LEZ）中，97% 以上位于欧洲城市。波兰的第一个低排放区于 2019 年在克拉科夫建立，后续包括斯德哥尔摩和英国城市（阿伯丁、巴斯、伯明翰、邓迪、爱丁堡等）。以色列的第一个交通低排放区于 2018 年在海法建立，2020 年在耶路撒冷实施了一个新的交通低排放区。

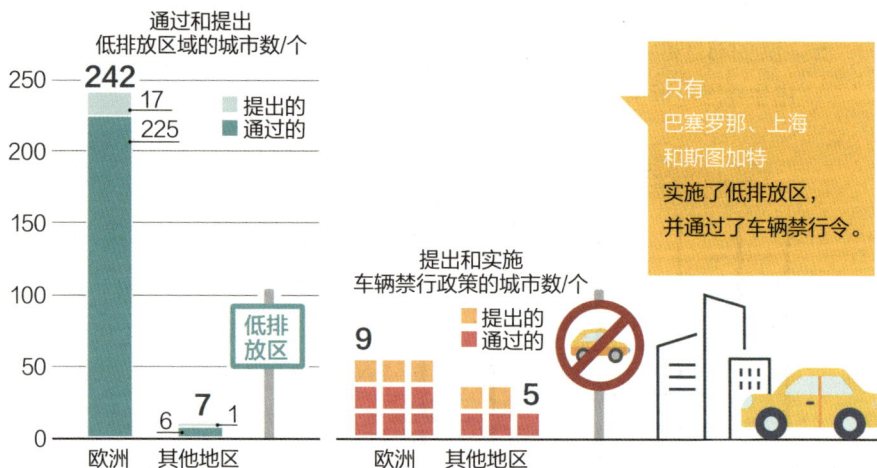

通过和提出
低排放区域的城市数/个

**242**
17
225

提出的
通过的

250
200
150
100
50

低排放区

6    **7**   1

欧洲    其他地区

提出和实施
车辆禁行政策的城市数/个

提出的
通过的

9

5

欧洲    其他地区

只有
巴塞罗那、上海和斯图加特
实施了低排放区，并通过了车辆禁行令。

2020年交通低排放区和限行车辆数

| 城市 | 限行类型 | 车辆限行时段 | 车辆限行标准 | 限行模式 |
|---|---|---|---|---|
| 伦敦 | 低排放区（LEZ） | 全天候24小时 | 欧Ⅲ~Ⅳ标准及以下，重型货车、轻型货车、公交车等大型车辆 | 收费准入 |
| | 附加区T-Charge | 周一至周五7:00—18:00 | 欧Ⅳ标准以下柴油小汽车、欧Ⅲ标准以下的微型四轮机动车 | |
| 米兰 | Ecopass | 每个工作日7:30—19:30限行；周四及节假日为7:30—18:00 | 欧Ⅰ、欧Ⅱ标准以下的车辆 | 禁行+收费准入 |
| | Area C | | 欧Ⅰ标准以下的车辆 | |
| 巴黎 | 交通限制区（ZCR） | 工作日8:00—20:00 | 欧Ⅱ或欧Ⅲ标准以下，根据车辆类型的不同而定 | 禁行 |
| | 污染控制区（ZPA） | 根据污染情况动态进行 | 与ZCR基本一致 | |
| 柏林 | 环境保护区（EPZ） | 全天候24小时 | 欧Ⅳ标准以下的柴油车、欧Ⅰ标准以下的汽油车 | 禁行 |

中国的佛山、桂林、惠安、上海、苏州和郑州等城市也实施了低排放区政策。

苏州市人民政府
关于调整市区禁止使用
高排放非道路移动机械
有关规定的通知
苏府规字〔2021〕4号

（一）一类低排放区
（二）二类低排放区
除一类低排放区外，
市区行政区划内其他全部区域。

以收费和征税的方式来鼓励或阻止某些行为及投资也可以刺激向零排放交通发展，并间接地促进更多地使用可再生能源。荷兰的城市（包括阿姆斯特丹、埃因霍温、海牙、鹿特丹和乌得勒支等）提供免费的电动车充电。葡萄的牙里斯本还提供免费的电动车停车。

合肥和深圳在内的至少12个中国城市提供了电动车停车费减免。

一些城市已经制定了在车队中生产和使用可再生氢的战略。

使用可再生能源（主要是太阳能光伏和风能）通过电解进行现场制氢引起世界各地城市港口的关注。2019 年，挪威奥斯陆港与市政府合作，提出 2030 年将温室气体排放减少 85% 的目标，成为世界上第一个零排放港口。

大多数港口位于城市，欧洲近 90% 的港口是公有的，这意味着地方政府在这些港口可以在可再生能源发展方面发挥关键作用。

阿姆斯特丹（荷兰）在 2020 年发布的 2050 年气候中和路线图中将城市港口转变为"电池"，以储存和分配可再生电力及生产可再生氢。

2020 年，埃斯比约港（丹麦）和鹿特丹港（荷兰）计划建设现场设施，为船舶提供可再生能源。基尔港（德国）的第一座岸电自 2019 年开始运营，为渡轮提供可再生电力。

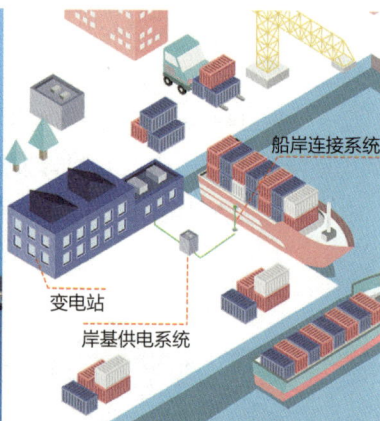

船岸连接系统

变电站

岸基供电系统

加利福尼亚州（美国）的港口（包括洛杉矶、奥克兰、圣地亚哥和旧金山）根据该州法规强制使用岸电。哈利法克斯（加拿大）、西雅图（美国）和温哥华（加拿大）也提供岸电连接。从 2020 年开始，休斯敦港成为第一个同意为全港活动购买可再生电力的美国港口。

随着电动汽车的持续增长，新建筑的电动汽车充电要求在城市层面变得越来越普遍。2019 年，圣马特奥（美国）和温哥华（加拿大）等城市通过了新的或修订的建筑能源法规，要求新建筑既"准备好电动汽车"又"准备好太阳能"，并配备电力基础设施以使电动汽车充电站能够依赖可再生电力。

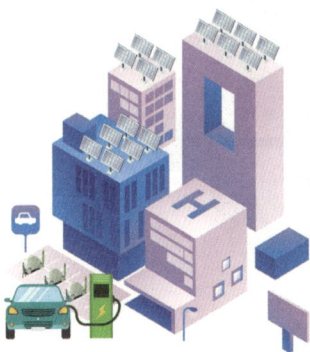

2019 年，德里（印度）政府批准了电动汽车政策，要求所有新建住宅和工作场所的停车场都设有电动汽车充电站。2020 年，芝加哥（美国）通过了一项法令，要求新建筑配备电动汽车充电基础设施。这项新政策与该市到 2035 年使用可再生电力为所有建筑物供电的目标相结合，将使完全使用可再生电力满足居民或用户的交通需求成为可能。

一些国家已经采用了对城市具有潜在深远影响的氢战略。2019 年，韩国宣布 2022 年建立 3 个氢能城市，大幅扩大氢能汽车和加氢基础设施。

一些亚洲（尤其是中国）和欧洲的城市已经开始采用氢燃料电池公交车，但只有少数城市使用绿氢。在中国，张家口是可再生氢能示范区。在英国，阿伯丁的第一辆绿色氢动力双层巴士于 2020 年开始运营。

中国制定了雄心勃勃的路线图，支持在 20 多个城市部署氢动力汽车。

2020 年，全球城市公交车超过了 300 万辆。其中，柴油车占 50%，其次是使用电力（17%）、压缩天然气（10.5%）和生物柴油（4.1%）的汽车。

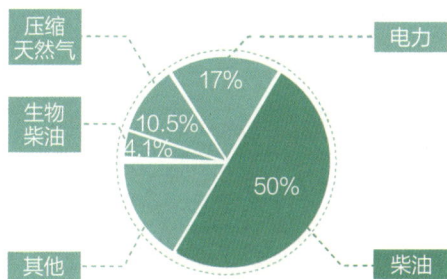

2019—2020 年，一些城市使用混合生物燃料的公交车。特隆赫姆（挪威）运营了近 200 辆用沼气或生物柴油作为燃料的城市公交车。2020 年，塔尔图（爱沙尼亚）公交车使用了生物甲烷。

截至 2019 年，全球约有 50 万辆电动公交车，其中 98% 在中国。38 万辆轻型商用电动汽车在运营，中国拥有全球最大的电动轻型商用车车队，占全球存量的 65%，其次是欧洲，占 31%。

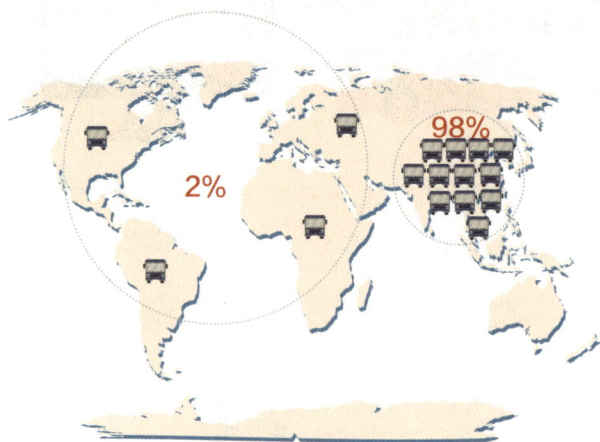

2019年全球城市电动汽车市场

| 电动自行车 | 电动三轮车 | 电动汽车 | 电动公交车 | 电动地铁 |
|---|---|---|---|---|
| 3亿辆 | 5000万辆 | 720万辆 | 514300辆 | 200个城市 |

2500 伦敦街头的电动出租车

一些城市，如：纽约 试行使用电动垃圾车作为市政车队的一部分

**参考文献**

[1] REN21. Renewables in cities 2021 global status report (Paris: REN21 Secretariat) [EB/OL].(2021-09-02)[2023-07-20].https://www.ren21.net/cities-2021/.

# 城市碳中和，
# 公众咋参与？

碳中和时代的公民已经从简单的能源消费者变为重要的可再生能源产消者。

## 什么是产消者？

产消者（prosumer）指那些参与生产活动的消费者，他们既是消费者（consumer），又是生产者（producer）。著名的未来学家阿尔文·托夫勒（toffler）在其《第三次浪潮》中首次提出了prosumer一词。

部分能源

全部能源

公民个人和家庭可以选择自己生产部分或全部能源，同时扮演能源消费者和生产者的角色。

碳中和时代的重要技术——数字化技术
将助力公民向可再生能源产消者转变。

数字化技术极大地方便了公众在可再生能源生产和消费时对其选择的
灵活性和透明度。

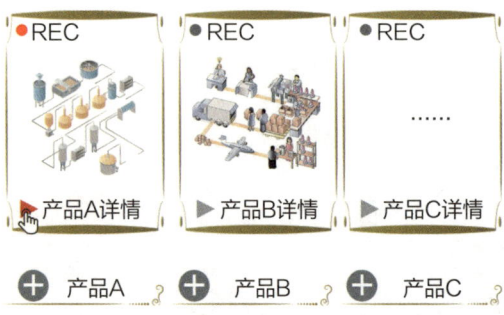

| ●REC | ●REC | ●REC |
|---|---|---|
| ▶产品A详情 | ▶产品B详情 | ▶产品C详情 |
| ➕ 产品A | ➕ 产品B | ➕ 产品C |

就像喝牛奶，你可以自己远程在呼伦贝尔草原上养头牛，也可以精准
定位到自己所喝牛奶的牛当前的健康状况。

大数据平台

养殖场控制情况
牧场1
牧场2
牧场3

牛只编号：G18804
体温    63
体重    37.5
产奶    73
血压    140

在澳大利亚电力公司提供交易平台上，客户可以通过选择特定项目来全面设计自己的电力能源组合——从风力涡轮机到邻居的太阳能光伏装置。

区块链技术对于点对点能源交易具有重要的意义，有利于不同能源提供者与消费者之间安全、便捷地进行交易。英国伦敦、美国纽约和新加坡的城市等都有这样的尝试。

美国纽约市的布鲁克林微电网于 2019 年 12 月启动，为家庭向他人出售可再生能源提供了数字平台。印度新德里的 Dwarka 社区于 2020 年实施团体净计量项目，将剩余的太阳能电力出售给邻居，而不是并入电网。

城市政府可以为部署产消者和系统运营商之间的双向通信提供基础设施服务。确保数据用于公民利益使人们能够更好地了解他们的能源使用情况，以及节能或改变使用时间的可能途径。

公众还可以采用太阳能租赁协议。开发商或专业机构负责屋顶太阳能光伏装置的长期租赁，公众仅支付费用，而不必自己为系统投资。

公众还可以建立自己社区的集体储能。澳大利亚曼杜拉的 Meadow Springs 郊区使产消者能够将太阳能电池板的多余能量存储在共享电池设施中，然后每天提取高达 8 千瓦时的电力。

社区能源的集体特征使它有别于"简单"的产消主义。社区能源通常会给当地带来好处，如创造就业和改善社会福利，通过节约成本和价格稳定提高了能源安全，扩大了公众对可再生能源的认知度和接受度。

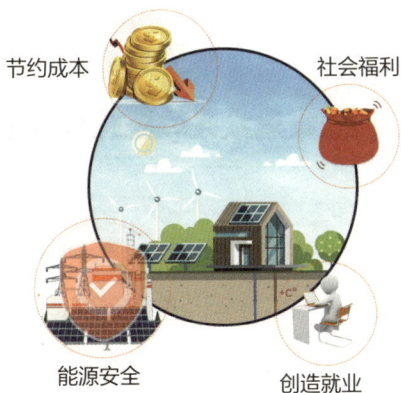

节约成本　　社会福利

能源安全　　创造就业

社区能源取决于当地居民的集体决策，扩大了居民对能源系统的参与，加强了当地的凝聚力。社区能源使参与者意识到他们的权利和责任，增加了公众的社区意识和社区归属感。

欧洲 2019 年面向所有欧洲人的清洁能源一揽子计划要求欧盟成员国提供社区能源项目的法律定义，并制定支持性法律框架。2019 年，欧洲社区能源项目达到 3600 多个。

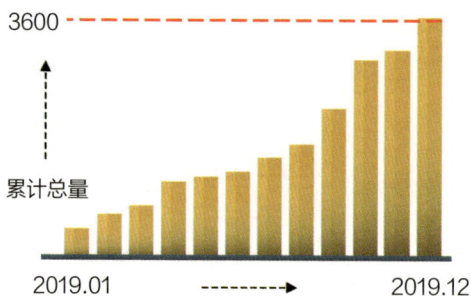

参考文献

[1] REN21. Renewables in cities 2021 global status report (Paris: REN21 Secretariat) [EB/OL].(2021-09-02)[2023-07-20].https://www.ren21.net/cities-2021/.

新能源汽车

# 电动汽车是碳中和与数字智能的"混血儿"

根据国际能源署（IEA）的报告，受到新冠疫情的影响，2020 年全球交通碳排放量较 2019 年下降了 14%。此外，道路运输也受到了严重影响，全球汽车销量下降了近 15%。

**15%**

电动汽车却逆势而上，在欧盟和中国的政策支持与推动下，其销量在 2020 年增长了 40% 以上，达到 300 多万辆。

**300多万**

**新能源汽车都有哪些？**

新能源汽车是指采用非常规燃料作为动力来源的汽车，包括纯电动汽车、增程式电动汽车、混合动力汽车、燃料电池电动汽车、氢发动机汽车及其他。

全球电动乘用车的累计销量已于 2020 年突破了 1000 万辆，2021 年的总销售量更是达到 650 万辆，是 2020 年的 2 倍，市场占比 4.6% 增长至 9%。

**全球电动乘用车**

销量 / 市场

2021年 是2020年的2倍 650万辆

2020年 312万辆

9%

4.6%

中国选择将发展新能源汽车（主要是电动汽车）作为振兴汽车产业的国家战略。截至 2020 年，中国发展培育出了全球最大的电动汽车消费市场，同时成为全球最大的电动汽车生产国。

中国新能源汽车渗透率比重变化 2021年 **14.8%**

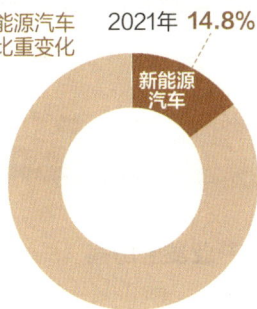

新能源汽车

中国 2020 年新能源汽车的渗透率只有 5.4%，2021 年就翻了 1 倍多，达到 14.8%。也就是说，每卖出 7 辆车，就有 1 辆是新能源汽车。

根据国务院印发的《2030 年前碳达峰行动方案》，中国 2030 年新增新能源汽车的渗透率要达到 40％，每年要销售 1000 万辆左右的新能源汽车。

奥运绿色车辆示范
13个试点
示范城市

"十城千辆"项目

新能源汽车产品市场
准入管理办法

- 示范项目
- 财税鼓励
- 法规/标准

2000年　　　　　　　2005年

混合动力，纯电动，燃料电池

2004

2005

技术路线

2003

2006

2002

2007

2009—2013年
通过实践
不断完善战略

2001

2008

2009年以前
探索引领全球的
汽车工业发展战略

混合动力，纯电动

2009

2000年　　　　　　　2005年

加快培育和发展
战略性新兴产业

战略/规划

"十五"863计划电动汽车重大专项

汽车产业结构
调整与振兴计划

"十一五"863计划节能
与新能源汽车重大专项

**中国电动汽车产业发展历程**

⚡ 88个试点示范城市
⚡ 新能源汽车财政补贴

5个试点示范城市

新能源汽车财政补贴 ⚡

新能源汽车
免征车船税

新能源汽车免征购置税 ⚡                  ⚡ 新能源汽车免征购置税

充电基础设施建设补贴 ⚡

调整新能源汽车财政补贴 ⚡

政府机关及公共机构购买 ⚡
新能源汽车实施方案

⚡ 新能源汽车免征购置税

⚡ 充电基础设施建设补贴

⚡ 国六轻型车排放标准

新能源汽车生产企业
及产品准入管理规定

乘用车企业平均燃料消耗量与 ⚡
新能源汽车积分平行管理办法

⚡ 调整新能源汽车财政补贴

⚡ 调整新能源汽车财政补贴

⚡ 国六重型车排放标准

⚡ 逐步取消汽车行业外资股比限值

10年                    2015年                    2020年

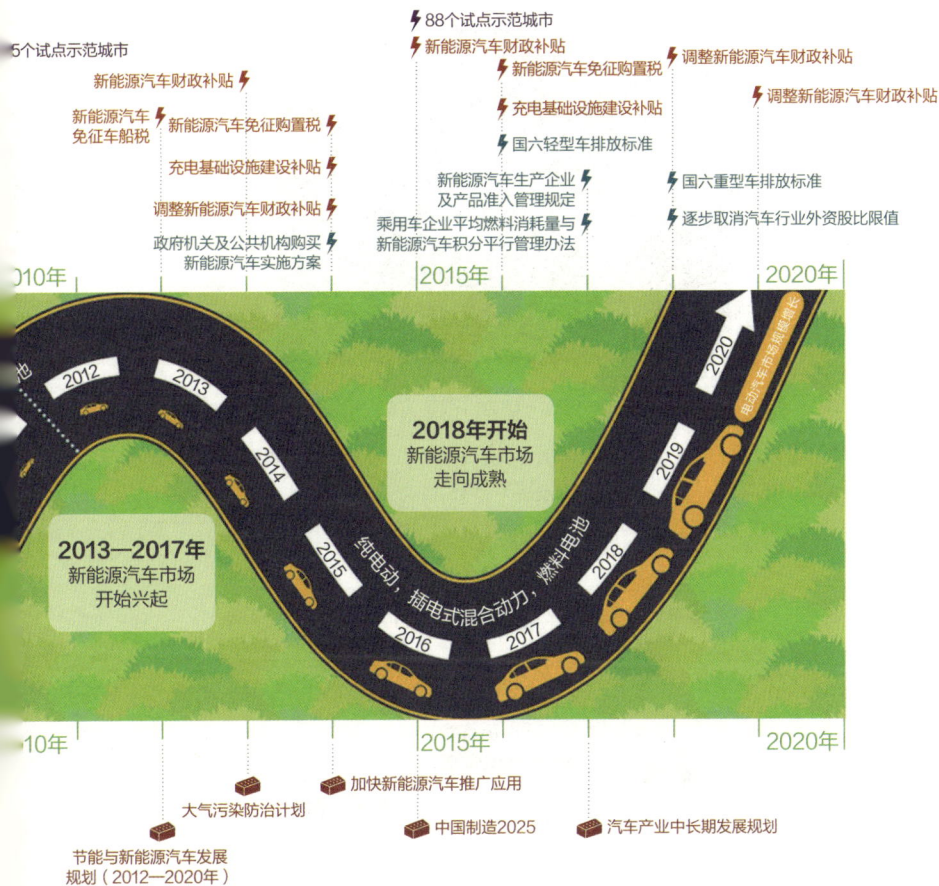

2012  2013

2014

**2018年开始**
新能源汽车市场
走向成熟

**2013—2017年**
新能源汽车市场
开始兴起

2015

纯电动，插电式混合动力，燃料电池

2016      2017

2018

2019

2020

10年                    2015年                    2020年

加快新能源汽车推广应用

大气污染防治计划

中国制造2025        汽车产业中长期发展规划

节能与新能源汽车发展
规划（2012—2020年）

新能源汽车（尤其是电动汽车）作为全球汽车产业绿色发展、低碳转型的重要方向，其发展趋势还在继续加强。

2020 年，韩国政府为了实现"2050 年零排放 (net zero)"目标，计划开发 2000 万辆电动汽车。

2021 年，美国政府宣布拨款 1740 亿美元投入电动汽车领域，并为研发低成本生物燃料提供 6140 万美元的资金支持，用于为目前难以电动化的重型汽车提供动力。

目前，很多国家为了加快全球电动汽车的发展纷纷加入电动汽车倡议（EVI）：加拿大、智利、中国、芬兰、法国、德国、印度、日本、荷兰、新西兰、挪威、波兰、葡萄牙、瑞典和英国，共 15 个国家参与。

**电动汽车倡议（EVI）是啥？**

为应对能源与环境问题，推动交通电动化成为重要发展趋势，在2010年召开的20国清洁能源部部长会议上，中美两国共同提出了电动汽车倡议，得到了众多国家及国际能源署的响应。同时，该会议设定了"2030年之前实现电池电动汽车、公共汽车、卡车和货车占市场份额30%"的目标。

随着新能源汽车的高速发展，燃油车占比逐渐降低。2021 年召开的联合国气候变化大会提出：2040 年将停售燃油车，由新能源汽车完全取代燃油车。

28个国家

新售乘用车 ▶ 2040年 100%

15个国家

新增中重型客车和货车 ▶ 2030年 30% 2040年 100%

已经有 28 个国家宣布，将在 2040 年前实现新售乘用车 100% 零排放，即全部为新能源汽车；15 个国家承诺在 2030 年新增中重型客车和货车中 30% 为零排放汽车，2040 年新增中重型客车和货车 100% 零排放。

日本政府计划在 2035 年停止销售传统燃油车。英国计划在 2030 年之前禁售纯燃油车。美国加利福尼亚州则要求所有乘用车在 2035 年之前实现零排放。荷兰、挪威、意大利、法国、英国、印度等国家也纷纷宣布计划在 2030—2040 年逐渐淘汰燃油车。

在中国，海南省早在 2019 年就率先提出到 2030 年全面禁售燃油车。

全球知名车企也纷纷加入禁油车行列，捷豹路虎宣布 2025 年以后不生产燃油车，德国大众则将这个时间定于 2040 年。

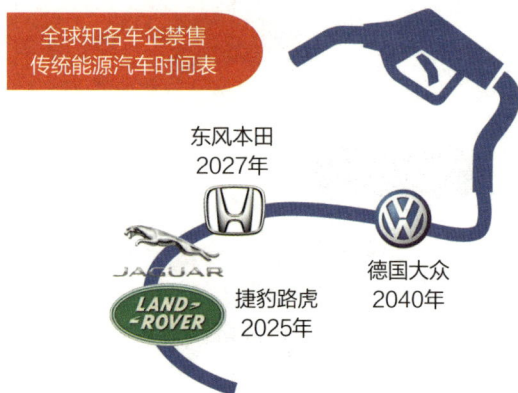

全球知名车企禁售传统能源汽车时间表

东风本田 2027年

捷豹路虎 2025年

德国大众 2040年

与此同时，这些车企也加大了对新能源汽车的投资力度。
美国通用汽车宣布，2020—2025 年在电动车和自动驾驶领域的投资
金额计划从 270 亿美元增至 350 亿美元。

德国大众汽车集团宣布，计划到 2030 年纯电动车型份额上升至 50%。
日本丰田汽车公司宣布，到 2030 年实现 350 万辆纯电动汽车的销量目标。

新能源汽车为啥成为"新宠"？

因为它是
碳中和与数字智能
的"混血儿"。

新能源汽车不仅能实现交通的零碳，而且是数字智能时代最重要的
终端之一。

国际能源署 2020 年发布的《借助可再生能源实现零排放》报告显示，要想实现 1.5℃的气候目标，道路交通碳排放要下降 80%。

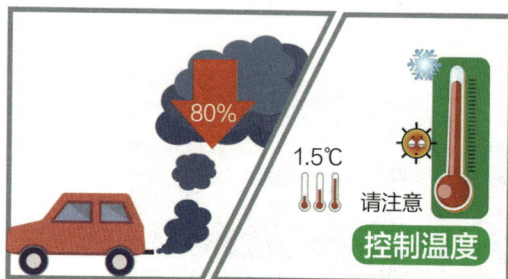

80%    1.5℃    请注意    控制温度

### 1.5℃目标是啥？

2015年12月达成的《巴黎协定》为全球应对气候变化设定了目标：21世纪全球平均气温升幅与工业革命前水平相比不超过2℃，最好控制在1.5℃以内。IPCC发布的《全球升温1.5℃特别报告》更是强调了该目标的重要性。

实现道路交通 80% 的降幅只有电动汽车能满足。随着可再生能源发电占比的不断提升，电动汽车的碳排放将逐渐趋于 0。汽车电动化转型是交通部门实现快速、大幅脱碳的"撒手锏"。

你能想象到的未来数字智能——车联网、人工智能、VR/AR、智能可穿戴技术等都会出现在电动汽车里。

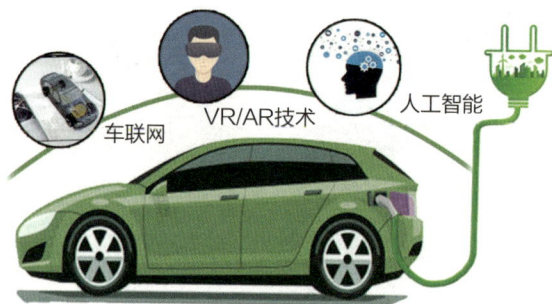

车联网    VR/AR技术    人工智能

汽车不仅是一个交通工具，未来更像是一个移动办公室或者家庭。

新能源汽车对于中国还意味着一个重要的机遇，
就是汽车制造领域的"换道超车"。

我们的汽车产业比起欧日百年基业尚
有不足，但是新能源汽车是个全新赛
道，传统汽车的百年基业可能成为百
年包袱，而我们却可以轻装上阵，大
胆创新。

如果你刚好想买车，那一定要看本书的新能源汽车专题。

如果你不打算买车或者根本对车不感兴趣，那也要了解一下，因为新能源汽车作为未来最重要的智能终端会对许多行业产生深刻的影响，在未来它可能就像现在的手机一样重要。

**参考文献**

[1] 金伶芝，何卉，崔洪阳，等. 驱动绿色未来：中国电动汽车发展回顾及未来展望[R].北京：国际清洁交通委员会，2021.

[2] IEA. Global energy review: CO₂ emissions in 2020[EB/OL]. (2021-03-02) [2023-09-19]. https://www.iea.org/articles/global-energy-review-co2-emissions-in-2020.

[3] IEA. Greenhouse gas emissions from energy: overview[EB/OL]. (2022-08-02) [2023-09-19] .https://www.iea.org/reports/greenhouse-gas-emissions-from-energy-overview.

[4] 威尔森.新能源汽车行业月报[R/OL].北京:乘用车市场信息联席会.(2022-02-14) [2023-09-19]. http://www.cpcaauto.com/newslist.php?types=bgzl&id=1059.

[5] IPCC. 2018: Summary for policymakers. In: global warming of 1.5℃. an IPCC special report on the impacts of global warming of 1.5℃ above pre-industrial levels and related global greenhouse gas emission pathways, in the context of strengthening the global response to the threat of climate change, sustainable development, and efforts to eradicate poverty [M]. Cambridge, UK and New York, NY, USA: Cambridge University Press,2018. doi:10.1017/9781009157940.001.

# 电动汽车不低碳，只有这一种情况

 电动汽车用电，碳排放肯定很低。

 咱们国家主要靠燃煤发电，据说电动汽车碳排放比汽油车还高！

 不信来比比？

 比就比！

大众 POLO VS 比亚迪 E1

 派出我的比亚迪跟你比。

 我的POLO前来应战。

 要比就比全生命周期排放。

 没问题！

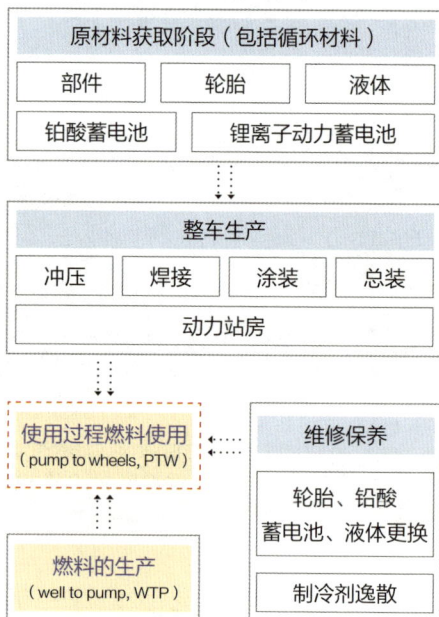

| 原材料获取阶段（包括循环材料） | | |
|---|---|---|
| 部件 | 轮胎 | 液体 |
| 铂酸蓄电池 | 锂离子动力蓄电池 | |

| 整车生产 | | | |
|---|---|---|---|
| 冲压 | 焊接 | 涂装 | 总装 |
| 动力站房 | | | |

**使用过程燃料使用**
（pump to wheels, PTW）

**维修保养**

轮胎、铅酸
蓄电池、液体更换

**燃料的生产**
（well to pump, WTP）

制冷剂逸散

一辆车全生命周期碳排放量 = 原材料获取碳排放 + 车辆生产碳排放 +
维修保养碳排放 + 使用过程碳排放

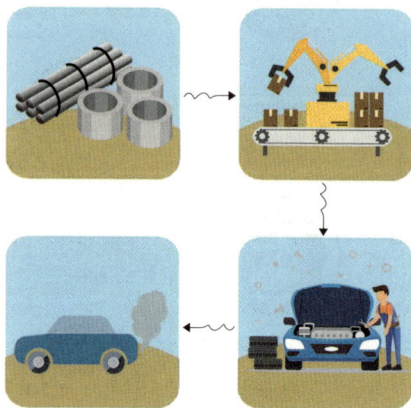

**全生命周期都包括啥？**

全生命周期（life cycle, LC），
指某一产品（或服务）从取得原材料
开始经生产、使用直至废弃的整个过
程，即从摇篮到坟墓的过程。

假设一辆车的生命周期里程按照 15 万千米计算，为了方便起见，用行驶 1 千米所排放的二氧化碳作对比。

## 原料获取

原材料获取碳排放 = 部件碳排放 + 铅酸蓄电池碳排放 + 锂离子动力蓄电池碳排放 + 轮胎碳排放

汽油车单位碳排放为 39 克二氧化碳 / 千米；但由于电动汽车有动力蓄电池，其单位碳排放提高到 54 克二氧化碳 / 千米。

39克
二氧化碳/千米

54克
二氧化碳/千米

第一轮比拼：汽油车略胜一筹，胜！

第一轮

## 车辆生产

整车有上万个独立零件，由多种材料组成。电动汽车的设计均基于传统内燃机车，通过撤换内燃机及其附属部件，增加电机、电池及其附属部件，将其转为各类电动汽车。

在车辆生产环节，由于焊接组装的技术差不多，所有车型的单位行驶里程碳排放基本相似（4克二氧化碳/千米）。

内燃机车和电动汽车的零部件根据动力变化需要，分为固定部件、
变化部件和电池三类。

| 零部件分类表 | | |
|---|---|---|
| 动力变化 | ...... | ...... |
| 固定部件 | ...... | ...... |
| 变化部件 | ...... | ...... |
| 电池 | ...... | ...... |

第二轮比拼：持平！

维修保养

电动汽车没有发动机，只需要更换一下刹车油、轮胎、电池等这些小零
件就可以了，而且它的更换周期更长。所以，电动汽车的单位碳排放
只有 2 克二氧化碳 / 千米。

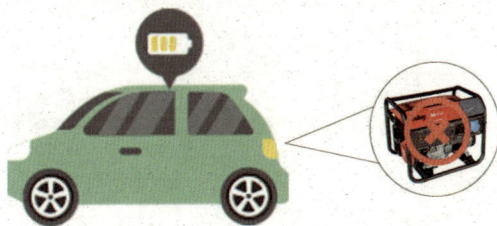

汽油车需要换机油、机滤、火花塞等，成本高，排放也高，单位碳排放约为 6 克二氧化碳 / 千米。

第三轮比拼：电动汽车完胜！

第三轮

**使用过程**

2.36
千克

1升

先说汽油车，2019 年车企所有生产燃油新车的平均油耗为 6.46 升 / 百公里，产生了 15 千克二氧化碳，也就是说汽油车单位排放因子为 150 克二氧化碳 / 千米。

小计里程A **103.4** km
平均油耗 **6.46** L/100km
D    **1574** km

再说电动汽车，其平均电耗为 15 千瓦时 / 百公里（一般小型电动车大概在 10 ～ 12 千瓦时，一般大型电动车在 18 ～ 22 千瓦时的水平），目前电网排放因子为 0.53 千克 / 千瓦时，0.53×15=7.95 千克。也就是说，一辆电动汽车行驶 100 千米的碳排放为 7.9 千克，每千米的碳排放为 79 克。

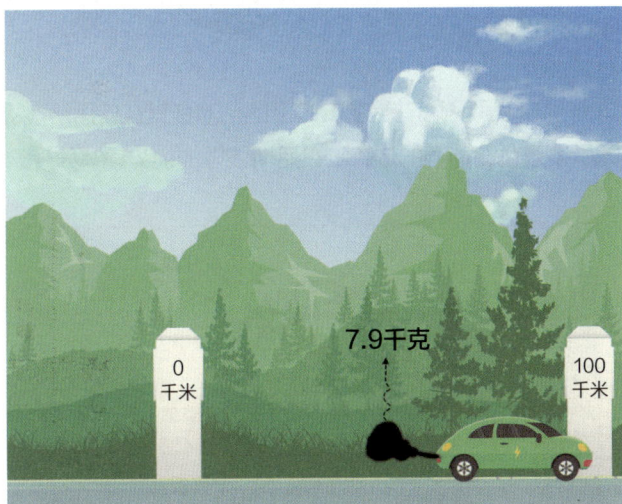

第四轮比拼：电动汽车完胜！

还是电动汽车厉害吧?

哎~甘拜下风。

电动汽车在原料获取阶段花重金安装上的电池使其在使用阶段极大地减少了对化石能源的依赖，在后期减排的优势逐渐显现。

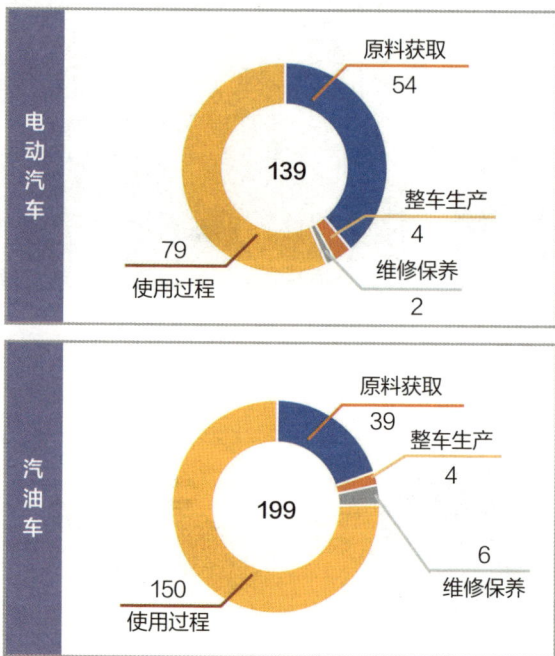

电动汽车

原料获取
54

139

整车生产
4

维修保养
2

79
使用过程

汽油车

原料获取
39

整车生产
4

199

维修保养
6

150
使用过程

单位: 克二氧化碳/千米

但凡事都有例外，如果是一辆大型电动汽车，其百公里电耗达到 28 千瓦时，那么每 100 千米就将产生 15 千克（28×0.53）的二氧化碳，与燃油车持平。

所以，如果一辆电动汽车的能耗水平超过 28 千瓦时 / 百公里，那么意味着这辆电动汽车会比燃油车排放更多的二氧化碳，也更加不环保。

电动汽车排放与电网排放因子同样也有关系，如果电网排放超过 1 千克 / 千瓦时，同样会在使用阶段比汽油车产生更大的排放量。

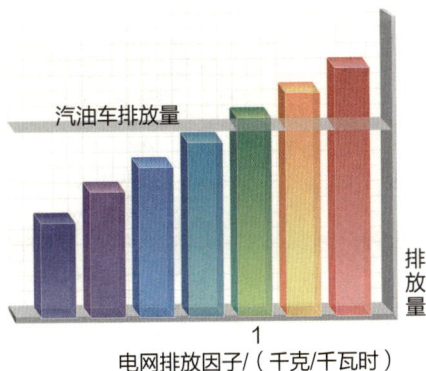

汽油车排放量

排放量

1
电网排放因子/（千克/千瓦时）

国际清洁交通委员会（ICCT）发布的报告显示，由于不同国家的发电结构不同，纯电动汽车的减排也存在一定的差异性。但不管在哪个国家，纯电动汽车的平均排放量均比同类汽油车低。

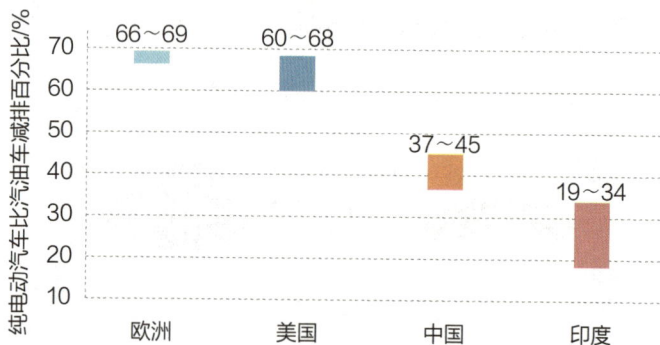

在阶段需要投入重金，但随着技术的成熟，电池的制造成本和电池系统重量都会减少，在生产阶段的碳排放也会进一步减少。

你的意思是，若改日再比，汽油车可能完全败下阵来？

那是必须的呀！

而且随着电力结构继续脱碳，预计在 2030 年，纯电动汽车和汽油车之间的生命周期排放差距会大幅增加。

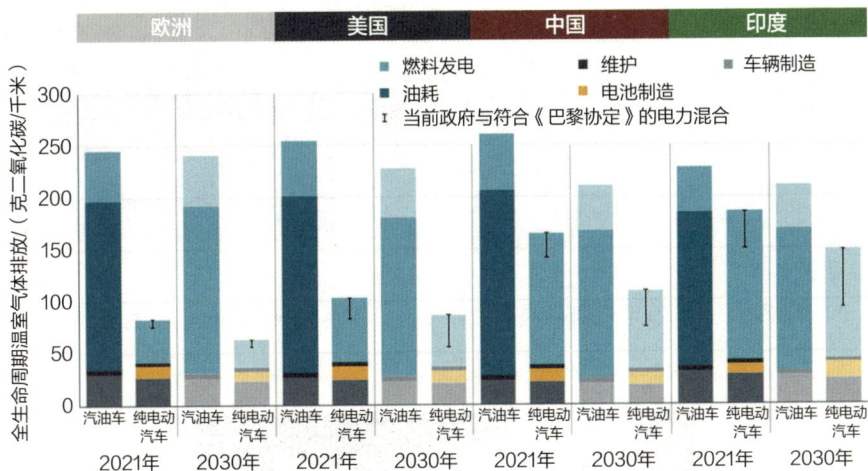

你怎么看全生命周期评估方法的结果？

参考文献

[1] 金伶芝, 何卉, 崔洪阳, 等. 驱动绿色未来：中国电动汽车发展回顾及未来展望[R].北京：国际清洁交通委员会，2021.

[2] Georg Bieker. A global comparison of the life-cycle greenhouse gas emissions of combustion engine and electric passenger cars[R]. Beijing: ICCT (International Council On Clean Transportation), 2021.

[3] 中汽中心.中国汽车低碳行动计划研究报告（2021）[R]. 2021.

[4] 哈宁宁. 电动汽车全生命周期碳排放评估及对环境的影响[D]. 保定：华北电力大学，2020.

# 动力电池
# 如何脱碳?

新能源汽车最核心的部件是芯片和电池,芯片解决智能化,电池解决电力化,未来发展缺一不可。

到 2030 年,全球仅电动车领域对锂电池的市场需求就将达到 6 亿千瓦时,如果加上储能市场及细分领域的电动化将超过 10 亿千瓦时。

6亿千瓦时

而 2020 年全球锂电池的出货量不到 0.3 亿千瓦时，其中有 7 成以上都来自中国。

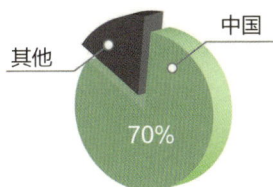

其他　中国

70%

锂电池产业既扮演着碳中和革命先锋的角色，同时也是"被革命"的角色之一。就市面上最常见的磷酸铁锂电池和三元锂电池而言，原材料的获取阶段依然是碳排放的主要来源，最高可占其全生命周期碳排放的 80% 以上。

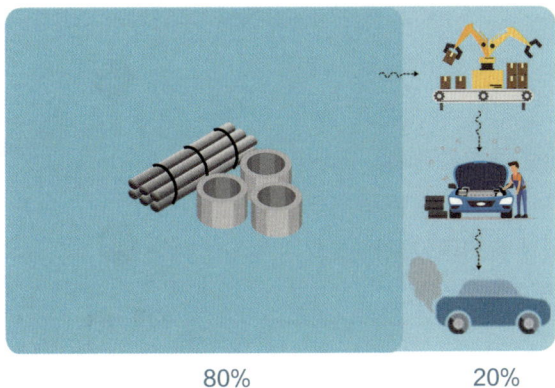

80%　　　20%

基于 1 千瓦时容量视角，磷酸铁锂电池的平均碳排放量约比三元锂电池低 4%。

三元锂电池 100%　　磷酸铁锂电池 96%

百分比：占三元锂电池平均碳排放量

由于三元锂电池含有多种贵重金属，所以其在原材料获取阶段的碳排放较高；而磷酸铁锂电池的能量密度要比三元锂电池小，所以其质量要更重一些，导致磷酸铁锂电池在生产阶段的碳排放较高。

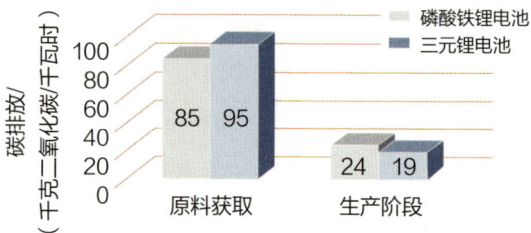

从车辆的全生命周期来看，由于动力电池生产的影响，电动汽车在原料获取环节的单位碳排放要比汽油车高 40%。

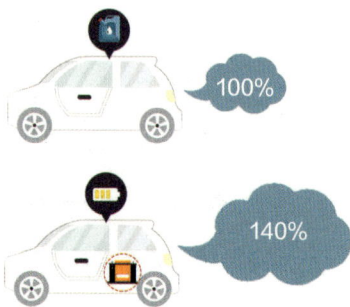

百分比：以汽油车单位碳排放为基数

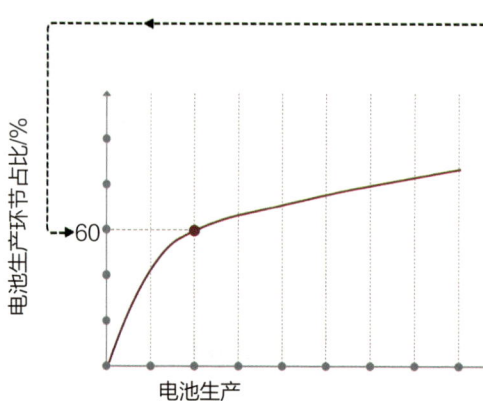

电池生产环节的单位碳排放最高可以占电动汽车全生命周期的 60% 以上。

随着电力结构的不断优化调整，电动汽车在使用过程中的碳排放将不断降低，而其在生产阶段的碳排放比重将不断升高。

预计到 2025 年，生产阶段的碳排放量将占汽车全生命周期总排放量的 45%；到 2040 年，这一比重将达到 85% 左右。

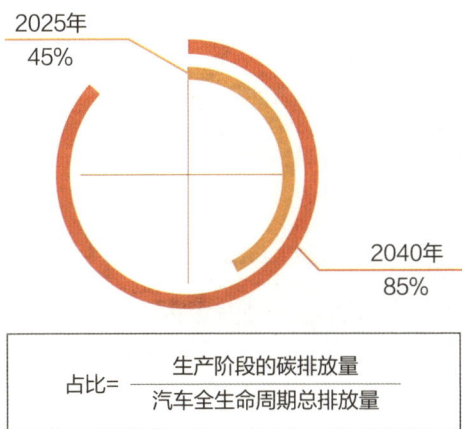

2025年
45%

2040年
85%

$$占比 = \frac{生产阶段的碳排放量}{汽车全生命周期总排放量}$$

这意味着原本承担着减碳重任的锂电池产业本身就是碳排放大户之一，动力电池脱碳势在必行。

目前，宝马、大众、沃尔沃等车企在供应链的选择上已经提出了2030—2040年实现全供应链碳中和的要求。

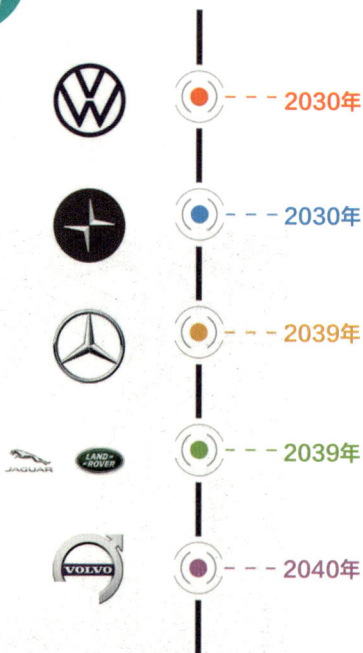

VW — - - 2030年

✦ — - - 2030年

Mercedes — - - 2039年

JAGUAR LAND ROVER — - - 2039年

VOLVO — - - 2040年

2027
最大碳足迹
限值

2025
碳足迹性能
分级

2024
强制碳足迹
披露

为实现碳中和目标，不少国家开始对电池行业的碳排放作出要求。欧盟要求自2024年7月1日起，只有建立碳足迹的动力电池才能投放市场。

碳足迹的要求分为3个阶段实施：首先是强制披露碳足迹，其次是碳足迹性能分级，最后是设定最大碳足迹限值。

新法规覆盖电池生产的整个生命周期，以循环利用和可持续发展为中心，在矿产资源开发与加工、电池制造、电池废弃处置方面都提出了明确要求。

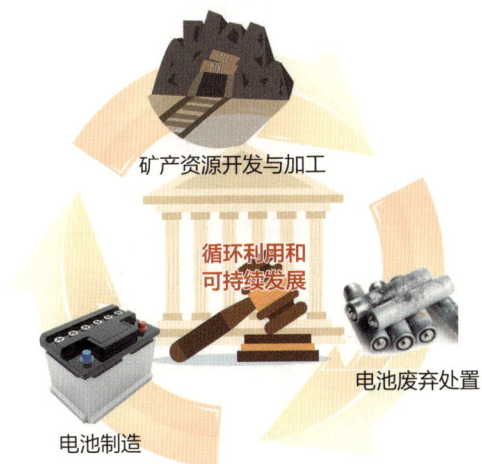

矿产资源开发与加工

循环利用和
可持续发展

电池废弃处置

电池制造

电池的碳足迹、可回收成分含量、原材料采购是否可靠等情况必须经过欧盟认可的第三方强制验证。

碳足迹
可回收成分含量
原材料采购

审核通过

当前，国内电池行业正极和负极领域都在大规模扩充产能，未来国内正极和负极企业将面临严峻的生产减碳压力。

除此之外，铜箔、电解铝等其他锂电材料也属于高能耗生产范畴，也面临着巨大的节能减碳压力。

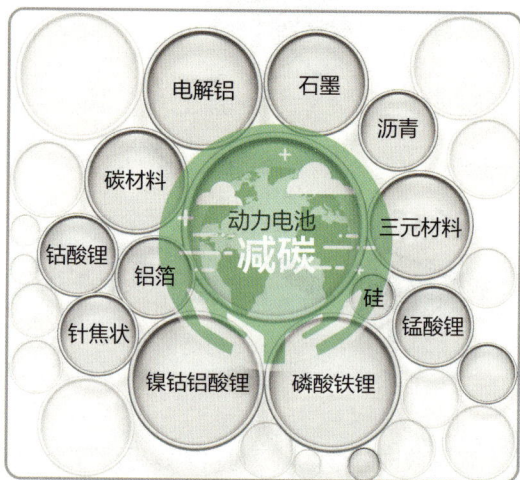

除了在上游原料生产端减少碳排放，对废旧电池进行材料回收和梯次利用也是实现锂电池产业链碳排放管理的有效措施。

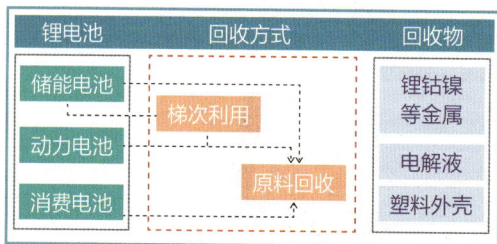

### 动力电池如何回收？

动力电池的回收方式主要有2种，包括材料回收和梯次利用。梯次利用是指当动力电池容量降至初始容量的80%以下，不再满足新能源车使用标准时，通过拆包、检测、重组得到一致性较好的梯次电池，用于低速电动车等领域；当电池容量下降到20%以下时，进行再生利用。材料回收利用则是通过干法、湿法等工艺回收锂、钴、镍等金属的。

将退役电池用作储能电站的电池是一种循环型和环保型的电池退役再利用的重要方式和渠道。

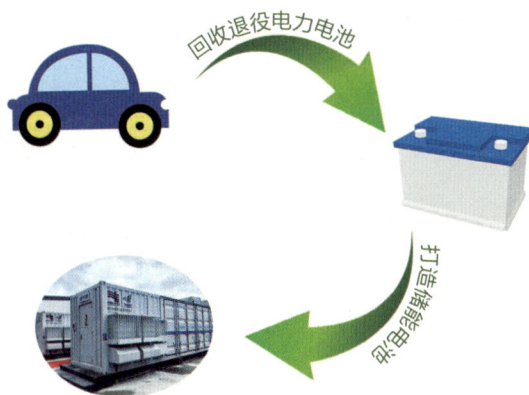

以中国铁塔为例，从 2015 年开始，该公司在全国 10 多个省份中的 3000 多个基站开始运行梯次利用储能电站，以退役的动力锂电池替换之前的铅酸蓄电池作为储能电源。

也就是说，你们家退役的电动汽车动力电池可能这会儿还在某个基站坚强服役呢！

对于维护电池寿命，你有什么好办法吗？

**参考文献**

[1] 金伶芝, 何卉, 崔洪阳, 等. 驱动绿色未来: 中国电动汽车发展回顾及未来展望[R].北京: 国际清洁交通委员会, 2021.

[2] 碳中和目标下, 动力电池产业链如何行动[EB/OL]. (2022-03-15)[2023-10-03]. https://www.gg-lb.com/art-44260.html.

[3] Romare M, Dahllöf L. The life cycle energy consumption and greenhouse gas emissions from lithium-ion batteries[R]. Stockholm: Swedish Environmental Research Institute, 2021.

[4] 刘帆.动力锂电池在储能电站中的梯级利用研究[J].节能, 2021,40(12):75-77.

[5] IEA. Fourth supplementary budget 2020-Finland's battery cluster development [EB/OL].(2021-03-24)[2023-10-09].https://www.iea.org/policies/12369-fourth-supplementary-budget-2020-finlands-battery-cluster-development?q=%20battery%20recycling&s=1.

# 警惕爆发式增长带来爆发式污染

据国际能源署估计，到 2030 年将有 1.45 亿辆电动汽车上路。

1.45亿辆

虽然电动汽车在减少排放方面发挥着重要作用，但它们的电池却是潜在的环境定时炸弹。

废弃电池

目前，电动汽车的电池分别是三元锂电池、磷酸铁锂电池、镍氢电池。其中，镍氢电池最稳定，磷酸铁锂电池最安全，三元锂电池的电量最大。中国汽车技术研究中心的数据显示，2020年国内累计退役的动力电池将超过20万吨（约2500万千瓦时）。

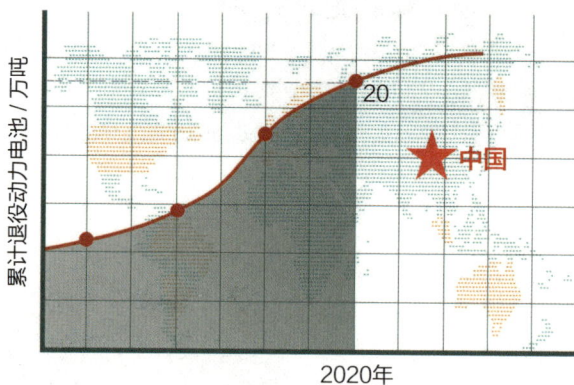

从现在到2030年，全球预计将有超过1200万吨的锂电池报废。

## 电动汽车的电池构造

**一**

一个电池单元为一个圆柱形电池，包含3层材料：阴极（＋）、阳极（－）及中间的隔膜。

**二**

每个模块中都有几十个甚至几百个电池单元，还有管理电压和冷却的部件。

**三**

一组模块组成一个电池组。

**四**

电池组可能横跨一辆汽车的长度，重量超过450千克。

电池组一般贯穿整个汽车底盘，它包含数以百计的电池单元。生产这些电池需要大量的原材料，包括锂、镍和钴。这些原材料通过采矿获得，采矿会对气候和环境产生影响，电池在使用寿命结束后还会留下大量的电子垃圾。

理论上到 2040 年，随着电动汽车的普及，回收材料可以提供新电池中一半以上的钴、锂和镍。但目前，全球成功的锂离子电池回收率可能平均不足 5%。

其主要原因是从电动汽车电池中提取有价值的材料是十分困难的，并且成本昂贵。

电动汽车电池回收处

在普通电池的回收工厂，电池零件被粉碎成粉末，然后粉末被熔化（火法冶金）或溶解在酸中（湿法冶金）。

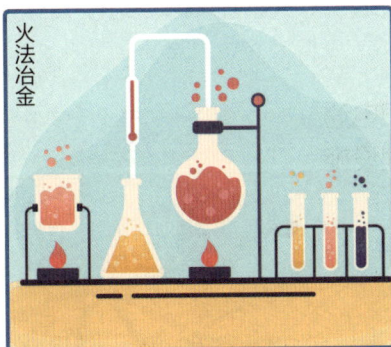

但是锂电池是由许多不同的部件组成的，如果拆卸不够小心，它们可能会爆炸。即使锂电池以这种方式分解，其产品也不容易重复使用。

难点在于如何将废电池运输至回收处理设施，因为电动汽车电池组非常庞大，需要装在专门设计的箱子里运到集中的回收设施，其运输距离通常较长，由此导致回收的总成本中约有 40% 是运输费用。

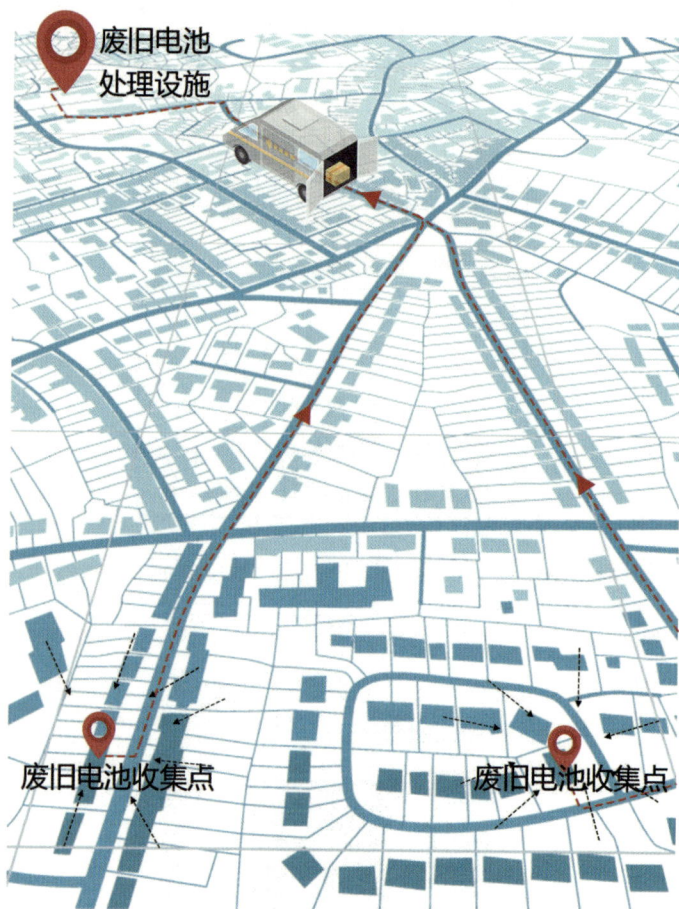

废旧电池处理设施

废旧电池收集点

废旧电池收集点

整个过程会消耗大量的劳动力和资源，因此现阶段回收锂比开采锂矿用来制造新的锂成本更高。

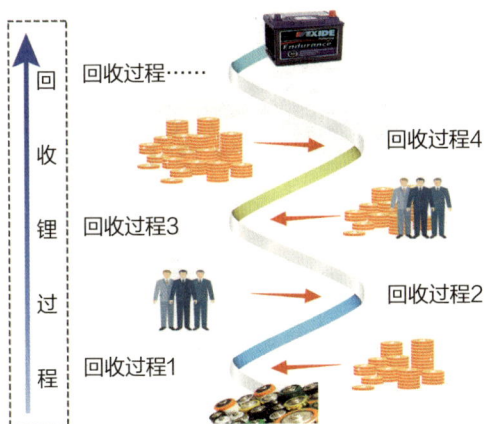

一方面，废旧锂离子电池易燃易爆，含有氟化物等毒害组分，必须进行无害化处理；另一方面，废旧锂离子电池具有资源属性，含有丰富的镍、钴、锰、锂等金属且很稀有，开采环节需要消耗大量资源，如开采1吨锂需要消耗227.3万升的水。

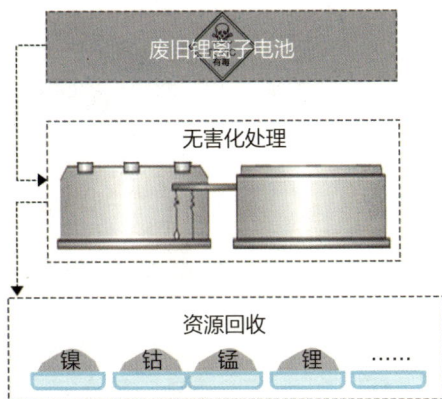

**全球锂、镍、锡、钴矿储量有多少？**

　　截至2020年年底，全球锂矿（碳酸锂）储量为1.28亿吨，钴矿储量为668万吨，镍矿储量为9063万吨，锡矿储量为327万吨。

因此，废旧锂电池回收是一项必要工作，不仅可以保护环境，而且能缓解战略金属资源紧张的局面，各个国家已纷纷开始行动。

欧盟新电池法对电动汽车电池增加了回收效率和材料回收目标的要求。到 2026 年 1 月，电池中的钴、铜、铅、锂、镍的回收水平需要分别达到 90%、90%、90%、35%、90%。

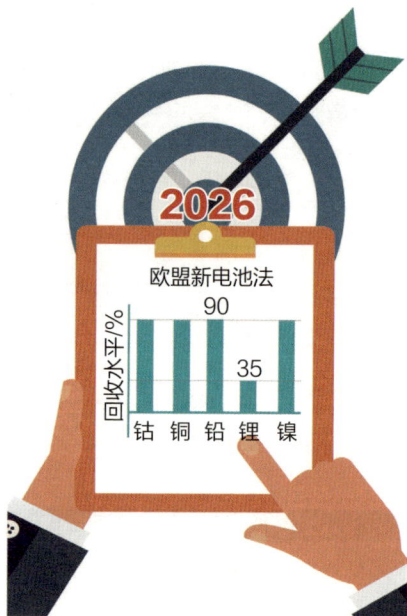

预计 2025 年，全球累役动力电池有 281 万吨（约 3.27 亿千瓦时），回收全球动力电池可再生的锂、钴、镍、锰资源将分别约占当年需求量的 28%、28%、23%、42%。

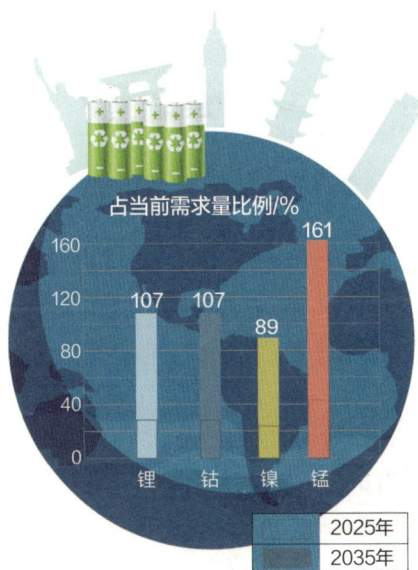

占当前需求量/%

| | 锂 | 钴 | 镍 | 锰 |
|---|---|---|---|---|
| | 28 | 28 | 23 | 42 |

2025年
2035年

占当前需求量/%

| | 锂 | 钴 | 镍 | 锰 |
|---|---|---|---|---|
| | 107 | 107 | 89 | 161 |

2025年
2035年

预计 2030 年，全球累役动力电池有 2029 万吨（约 21.23 亿千瓦时），回收全球动力电池可再生的锂、钴、镍、锰资源将分别约占当年需求量的 107%、107%、89%、161%。

中国也成立了中国动力电池回收与
梯次利用联盟，已有来自全国各地
的整车企业、电池企业、电池材料
企业、电池回收设备企业及相关科
研院校约 200 家加入。该联盟一直
在推动着新能源汽车动力电池回收
利用行业的发展与进步。

新能源全生命周期价值链

针对不同的电池有不同的处理方式，考虑到容量衰减程度和电池成分，
磷酸铁锂电池适合先梯次利用而后回收利用，三元锂离子电池则适合
直接回收利用。

磷酸铁锂电池从初始容量到 80% 容量可循环 3500 ～ 5000 次，而三元锂离子电池仅能循环 2500 次，且磷酸铁锂电池的容量随循环次数的增多而呈现缓慢衰减的趋势，更适合梯次利用。

此外，磷酸铁锂电池不含贵重金属，锂含量较低，进行资源化的价值较低，三元锂离子电池含有锂、钴、镍等元素，适宜进行回收再生利用。

国内退役动力电池梯次利用总体还处于实验探究阶段，应用方向有家用储能设备、基站备电、低速电动车等领域。

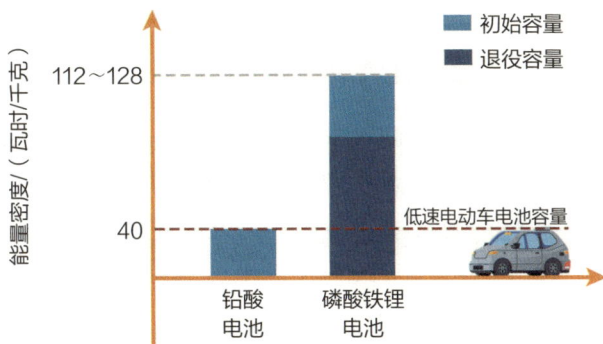

全球性环保组织——绿色和平发布的《为资源续航——2030年新能源汽车电池循环经济潜力研究报告》显示，2021—2030年，中国退役的动力电池将达到7.08亿千瓦时，将这些电池有效地梯次利用将比制造等量的新电池减少近3342万吨碳排放。

为资源续航
2030年新能源汽车电池
循环经济潜力研究报告

亿千瓦时

☐ 累计退役动力电池

7.08

2021　　　　年份　　　　2030

据国际能源署估计，2030年前后全球锂离子电池回收市场将增长到200亿欧元（约合人民币1547亿元），中国或将成为电动汽车和储能等领域中锂离子电池回收的最大市场。

电池中使用的元素周期表

图例
用于阳极材料　　锂电池
用于阴极材料　　镍镉/镍氢电池
　　　　　　　　碱性电池
　　　　　　　　碱性电池
　　　　　　　　其他电池

你一般怎么处理家里的废弃电池呢?

**参考文献**

[1] 金伶芝, 何卉, 崔洪阳, 等. 驱动绿色未来: 中国电动汽车发展回顾及未来展望[R].北京: 国际清洁交通委员会, 2021.

[2] 中国地质调查局全球矿产资源战略研究中心. 全球锂、钴、镍、锡、钾盐矿产资源储量评估报告（2021）[R]. 北京: 自然资源部中国地质调查局, 2021.

[3] 雷舒雅, 徐睿, 孙伟, 等. 废旧锂离子电池回收利用[J]. 中国有色金属学报,2021, 31 (11):3303-3319.

[4] 动力电池行业深度报告: 动力电池材料及结构创新未来展望 [EB/OL]. (2021-07-27) [2023-05-06]. https://new.qq.com/rain/a/20210727a04s7a00.

[5] 绿色和平. 2030年新能源汽车电池循环经济潜力研究报告 [R].北京: 绿色和平, 2021.

# 电动汽车的"大脑"

新能源汽车的未来第一步是电动化，
第二步将是智能化。

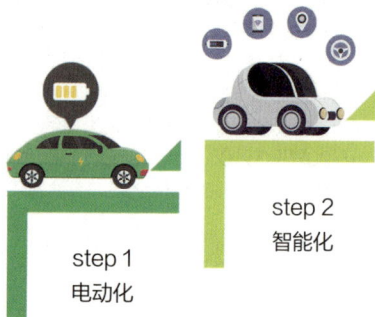

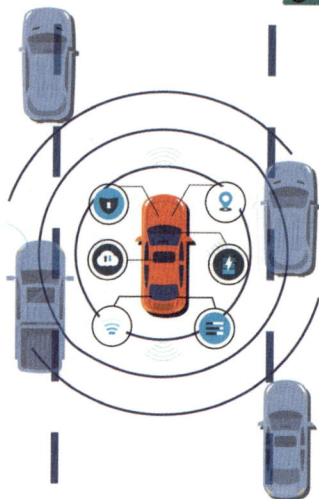

step 1
电动化

step 2
智能化

智能化＋电动化，未来智能电动汽车
将成为主流产品，为消费者带来极致
的出行体验。其中，所需的关键应用
发展（包括语言识别、手势识别、环
境感知系统、AI 智能算法无人驾驶
等）都将依托于核心芯片。

随着汽车电动化、智能化的推进，汽车产业对高端芯片的需求将会大幅增长。

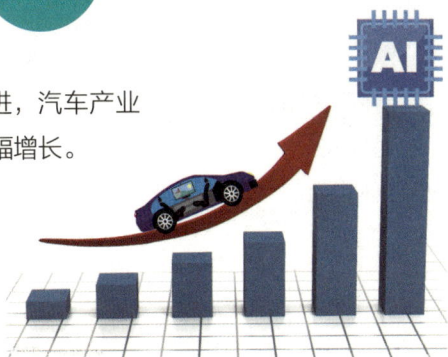

中国汽车工业协会的数据显示，传统燃油车所需的汽车芯片数量为600～700片/辆，而电动车所需的汽车芯片数量将提升至1600片/辆；如果是更高级的智能汽车，其对芯片的需求量将提升至3000片/辆。

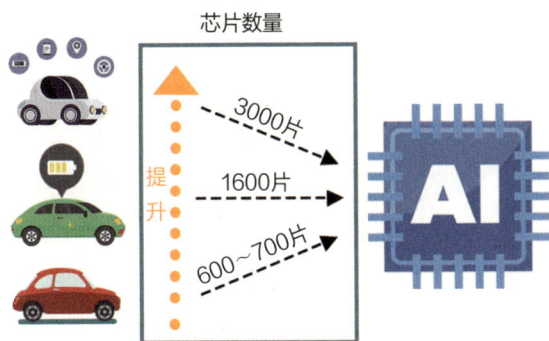

芯片数量

小小的芯片和低碳节能有啥关系？

小小的芯片也有着巨大的排放。

半导体芯片的制造从原材料到成品大约需要 3 个月的时间，在这个过程中大量的水和电能被使用，还使用了相当多种类的高纯、特殊气体，这些气体中有的全球增温潜势（GWP）值高达万倍，间接导致了大量的二氧化碳排放。

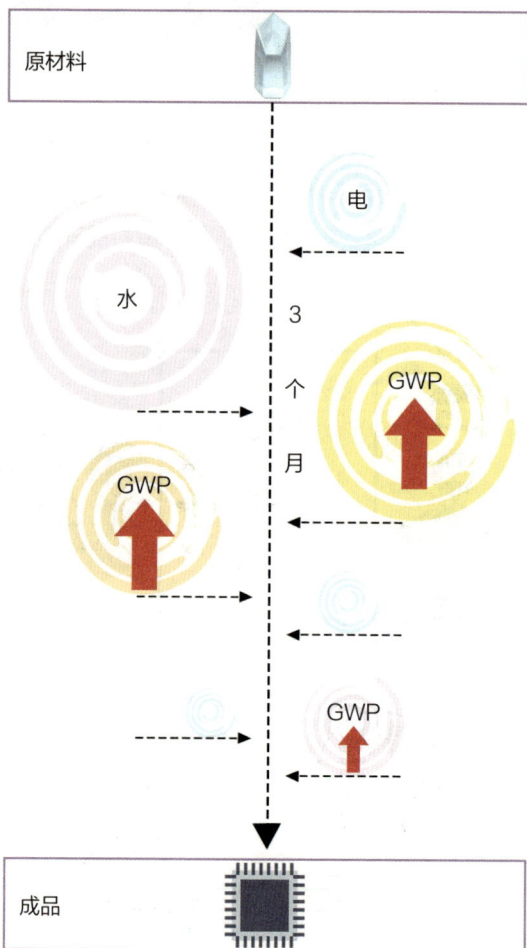

2020 年 10 月，哈佛大学的 Udit Gupta 发表的论文预测，未来计算机将无所不在，其对环境的影响也是如此。到 2030 年，信息及计算机技术将占据全球能源需求的 20%。

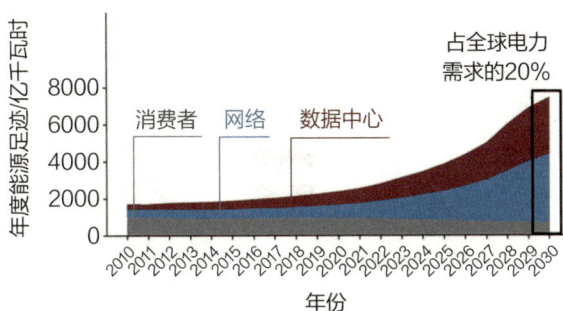

在过去几年中，台湾积体电路制造股份有限公司（以下简称台积电）的温室气体排放量已超过汽车巨头通用公司的排放量。据彭博社的数据统计，台积电 2017 年的碳排放量为 600 万吨，2019 年为 800 万吨，2020 年为 1500 万吨，平均每片芯片会排放 0.59 千克二氧化碳。

韩国三星电子公司（以下简称三星）的碳排放量仅次于台积电。2020 年，其排放了大约 1290 万吨二氧化碳，平均每生产一片芯片就会排放 0.53 千克二氧化碳。

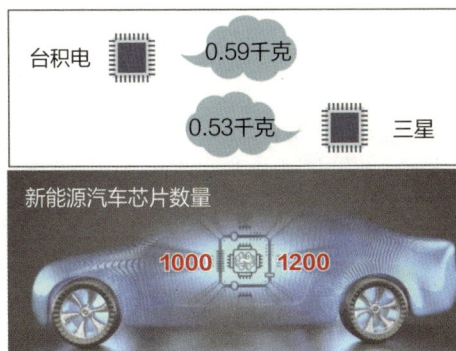

台积电的用水量在过去 10 年中增长了近 5 倍，仅 2019 年就消耗了 6300 万吨水，可以填满整整 7.9 万个完整的奥运会泳池。2021 年，台积电使用了我国台湾地区近5%的电力，预计在2022年将上升到7.2%。

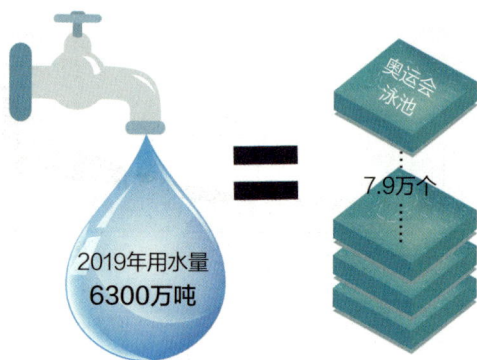

奥运会泳池

7.9万个

2019年用水量
**6300万吨**

美国英特尔公司（以下简称英特尔）2019 年的用水量是美国福特汽车公司的 3 倍以上，同时其工业废物也是后者的 2 倍以上。

2019年用水量

(intel)

Ford 2019年用水量

在《联合国气候变化框架公约》第 26 次缔约方大会（COP26）期间，半导体行业的碳排放问题备受关注，各大芯片制造商也开始采取措施。

英特尔承诺，到 2030 年 100% 的能源来自可再生资源。

2050年
净零排放

2030年
可再生能源
使用率40%

台积电宣布，希望到 2050 年实现净零排放，并设定了到 2030 年全公司范围内可再生能源使用率达到 40% 的目标。

三星提出优化工艺，获得碳测量标签。目前，三星已经有 14 种半导体产品获得了碳信托基金的认证。其表示，在美国、欧洲和中国的所有业务已 100% 使用了可再生能源。

据估测，三星获得认证的 5 款碳足迹芯片——HBM2E（8GB）、GDDR6（8GB）、UFS 3.1（512GB）、 便 携 式 SSD T7（1TB）、microSD EVO Select（128GB）从发布到 2021 年 7 月所减少的二氧化碳排放量约为 68 万吨。

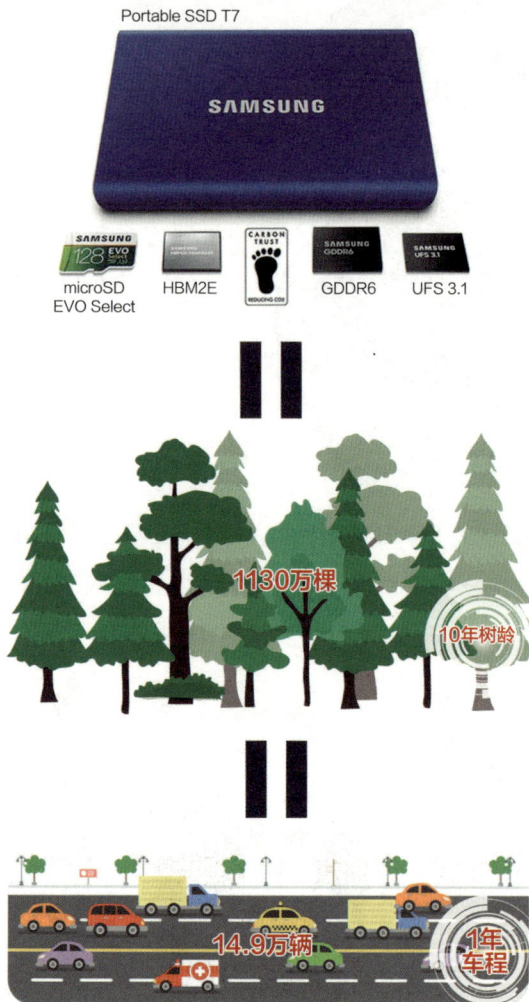

Portable SSD T7

SAMSUNG

microSD
EVO Select　　HBM2E　　　　　　　　　GDDR6　　UFS 3.1

=

1130万棵

10年树龄

=

14.9万辆

1年
车程

此外，三星 LPDDR5 五代低功耗双倍数据率同步动态随机存储器已经开始生产运行。

目前，以氮化镓（GaN）、碳化硅（SiC）为代表的第三代半导体行业正在开启发展加速度。第三代半导体具备耐高温、耐高压、高频率、大功率等优势，相较硅器件，可降低 50% 以上的能量损失，并减小 75% 以上的装备体积。

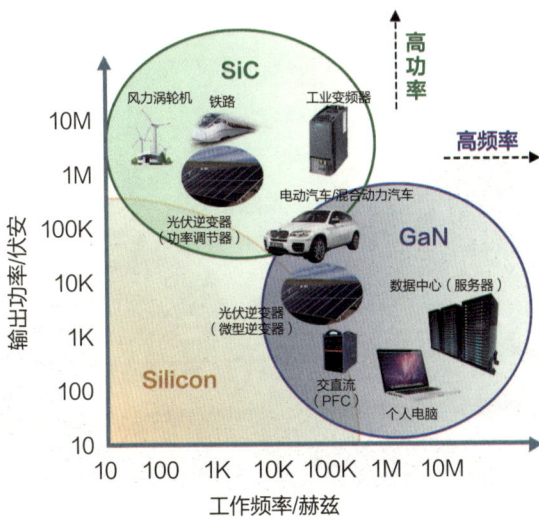

此外，半导体还有助于提高汽车的功能效率，如在发动机具有特定模式的汽油消耗方面，有助于调节发动机和汽车内部的运行情况。

**汽车哪些功能可以靠芯片技术减排？**

汽车能耗排名第一的是诸如座椅加热及动力转向、防抱死系统、电子稳定程序等汽车驱动功能，这些都可以靠芯片更智能的算法来降低能耗。

这一片小小的芯片不仅能降低自身的碳排放，还能降低汽车使用过程中的能源消耗，使汽车更加节能低碳，是助力社会节能减排并实现"碳中和"目标的重要发展方向。

还有什么体积小高耗能产品呢?

**参考文献**

[1] 金伶芝, 何卉, 崔洪阳, 等. 驱动绿色未来: 中国电动汽车发展回顾及未来展望[R].北京: 国际清洁交通委员会, 2021.

[2] The Chip industry has a problem with its giant carbon footprint[EB/OL]. (2021-04-02)[2023-05-09].https://www.bloombergquint.com/global-economics/the-chip-industry-has-a-problem-with-its-giant-carbon-footprint.

[3] Gupta U, Kim Y G, Lee S, et al. Chasing carbon: the elusive environmental footprint of computing[C]//2021 IEEE international symposium on high-performance computer architecture (HPCA). Seoul, Korea (South), 2021.doi: 10.1109/HPCA51647.2021.00076.

[4] The global chip industry has a colossal problem with carbon emissions[EB/OL].(2021-11-03)[2023-05-09].https://www.cnbc.com/2021/11/03/tsmc-samsung-and-intel-have-a-huge-carbon-footprint.html.

[5] 杨小波. 低碳经济下半导体企业的应对策略 [D]. 苏州: 苏州大学,2011.

[6] 张梦莹.中国电子信息制造业出口贸易碳转移及产品碳足迹研究 [D]. 北京: 北京理工大学, 2018.

# 电动汽车与氢能汽车，该买哪种？

目前，新能源汽车主要有两大阵营，一个是电动汽车，
另一个就是氢能汽车。
2021 年，全球氢能汽车销量为 1.6 万辆，保有量近 5 万辆，
而电动汽车共销售 675 万辆。

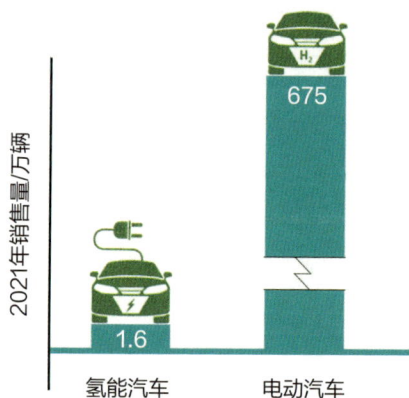

675

1.6

2021年销售量/万辆

氢能汽车　　　　电动汽车

氢能汽车与纯电动汽车大致类似，不同之处在于车辆携带的不是蓄电池，而是氢气。氢能汽车是利用氢气与空气中的氧气反应产生电流来驱动车辆的。氢气与氧气在燃料电池中反应产生电流，最终的排放物只有水，没有噪声及污染物。

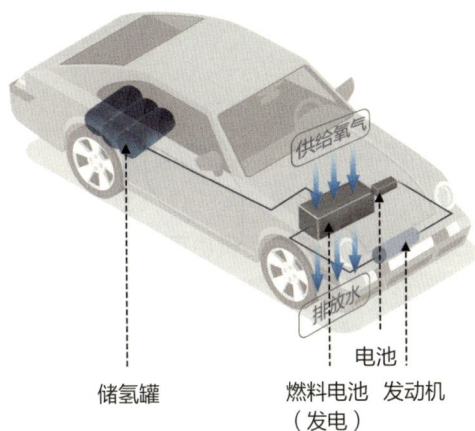

供给氧气

排放水

储氢罐

电池

燃料电池 发动机
（发电）

与纯电动汽车一样，氢能汽车也具备起步快、行驶平稳安静、驾乘舒适等特点，也没有污染和噪声，机械动力结构比较简单，故障率也比较低，易于实现智能化及自动驾驶。

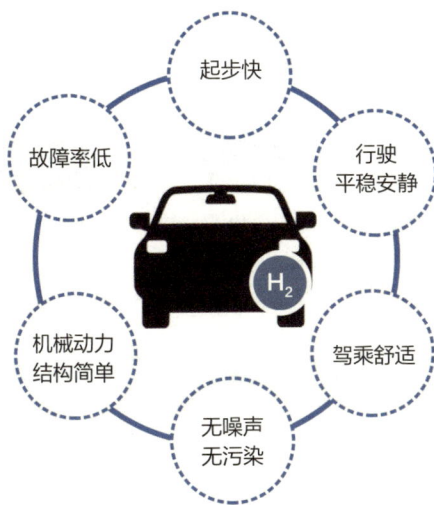

起步快

行驶平稳安静

故障率低

机械动力结构简单

H₂

驾乘舒适

无噪声无污染

20千克CO$_2$

1千克

与电动汽车相比，氢能汽车有两大优势。

**一是零排放，无污染。**

电动汽车虽然运行时也是零排放的，但目前消耗的电量大多还是来自火力发电，而且电池回收也可能造成二次污染。

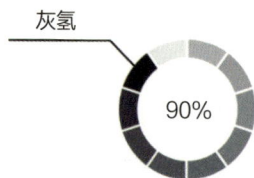

灰氢

90%

在当前阶段，全球有95%的氢气都是灰氢，氢气零碳排放的优势还不明显。

但若采用蓝氢和绿氢，氢能汽车在使用阶段每千米的碳排放将分别降至41克和0克。

若电力和氢能来源均为可再生能源，则汽车使用阶段的碳排放均为0。

| 灰氢 CO$_2$ | 蓝氢 CO$_2$ | 绿氢 CO$_2$ |
|---|---|---|
| 煤、天然气、生物甲烷 | 天然气、生物甲烷、生物质 | 水　　电解 |

**啥是灰氢、蓝氢和绿氢？**

灰氢，是通过化石燃料燃烧产生的氢气，在生产过程中会产生二氧化碳等排放。蓝氢，可以由煤或天然气等化石燃料制得，在其制备过程中可以将二氧化碳副产品捕获、利用和封存（CCUS）。绿氢，指利用可再生能源分解水得到的氢气，其燃烧时只产生水，从源头上实现了二氧化碳零排放。

氢燃料电池含有金属铂，但铂碳催化剂的回收与汽车尾气催化剂的回收相仿，整个回收过程工艺简单易、操作，而且无污染，回收率高达 85% 以上。

## 二是加氢快，续航长。

氢能汽车的加氢过程与加油一样快，续航里程也更长。

同体积的氢燃料电池要比电动力电池的能量密度大很多，1 千克的氢储存的能量比锂离子多 236 倍，所以在续航能力上具备很大优势。

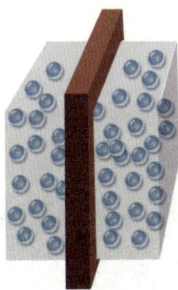

1千克氢储存的能量　　　　1千克锂离子储存的能量

例如，参与本届北京冬奥会服务的氢能汽车的加氢时间也就 8 ～ 10 分钟。像丰田的 Mirai，其续航里程可以达到 700 千米，而此前丰田发布的 Fine-Comfort Ride 概念车，其续航里程更是高达 1000 千米，而电动汽车的续航里程一般在 400 ～ 500 千米。

未来氢能是非常重要的能源。

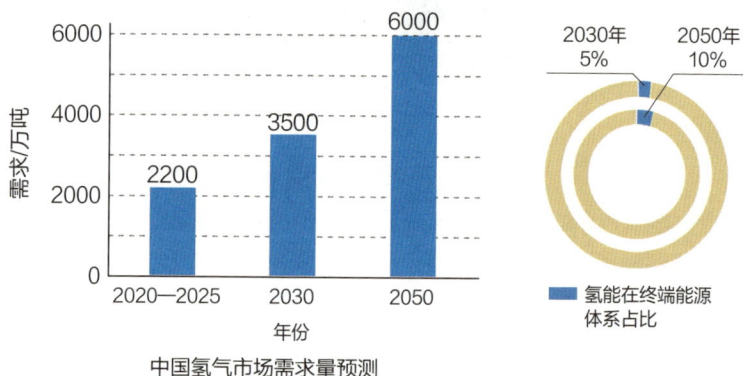

中国氢气市场需求量预测

2030年 5%  2050年 10%

■ 氢能在终端能源体系占比

氢能汽车也是未来主要的用氢途径。中国计划到 2025 年建成加氢站 1000 座以上，推广氢燃料电池汽车超过 54000 辆，届时氢燃料电池汽车的保有量将达到 10 万辆。

但目前氢能汽车的推广面临很多挑战。

**一是氢能汽车的能量效率远低于电动汽车。**

一方面，在氢的制备过程中，通过对水的电解可以得到氢气和氧气，这是很多氢生产采用的一种途径，但是这种方式的能量损耗率会达到30%。

电解

$$2OH^- \rightarrow 2e^- + 1/2O_2 + H_2O \qquad 2e^- + 2H_2O \rightarrow H_2 + 2O$$

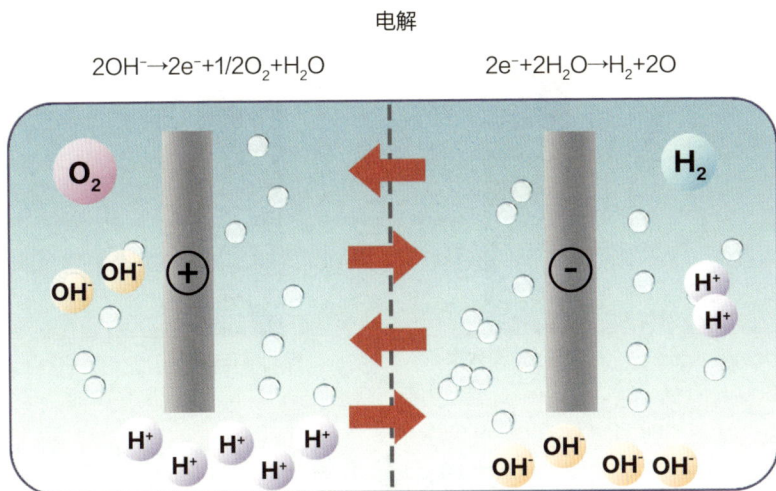

电流=电压×电导率

另一方面，在氢气储存过程中，因为氢气分布非常均匀，因此比其他气体更难压缩。通常把氢气压缩成液体进行储存，但是冷却加工氢气需要大量能量，这个过程会导致40%的能量损耗。

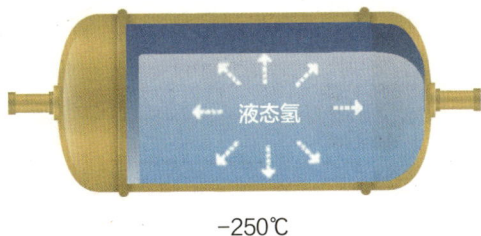

−250℃

191

仅是电解和储存这两个过程就会给氢能汽车的能量效率带来很大的影响。与目前特斯拉汽车使用的电动燃料技术相比，最好的氢能燃料效率也不到电动燃料的一半。

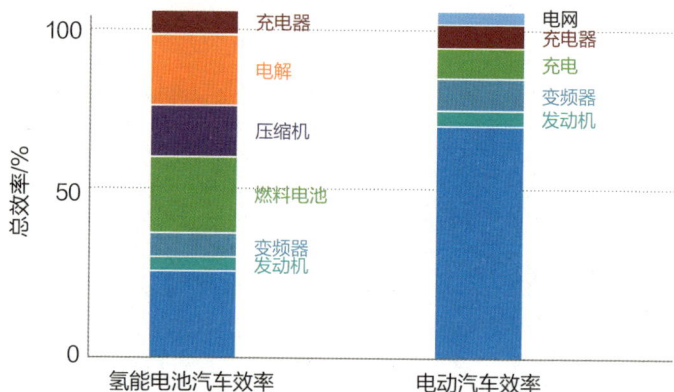

## 二是成本问题。

目前，一辆氢能汽车的售价是燃油车的2～3倍、电动汽车的1.5～2倍，其主要原因还是燃料电池发动机的价格太贵。

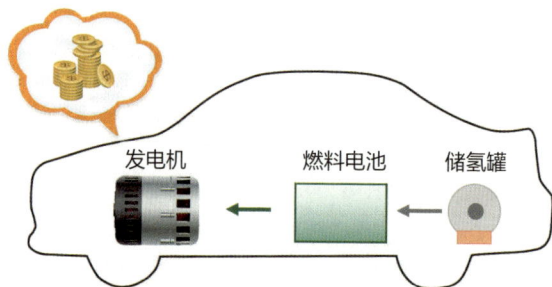

只有实现氢燃料电池关键材料和部件的产业化并批量生产，同时提高电堆的比功率，才可以大幅降低燃料电池发动机的成本，进而降低氢能汽车的成本。

另外，加氢站的建设费用（每个加氢站为 1200 万 ~ 1500 万元）和加氢费用（60 ~ 80 元 / 千克）也都比较高。

只有大力发展可再生能源电解水制备绿氢，采用天然气或纯氢管网输送氢气，将加氢费用降至每千克 30 元以下，氢能汽车的运行费用才能与电动汽车竞争。

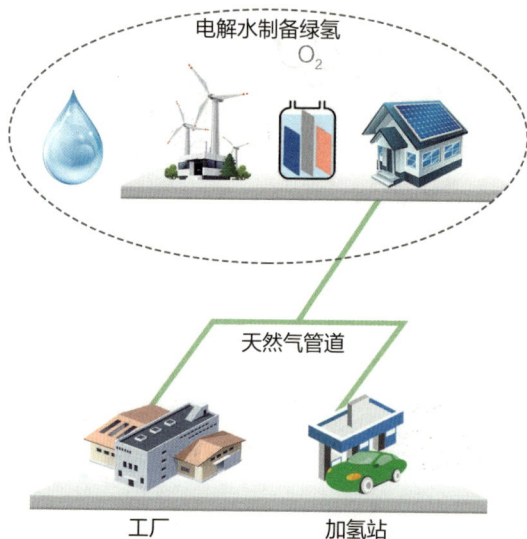

氢能的运输、储藏和加氢技术等都需要得到高度发展，并使问题得到较好的解决，才能更好地推动氢能汽车的发展。

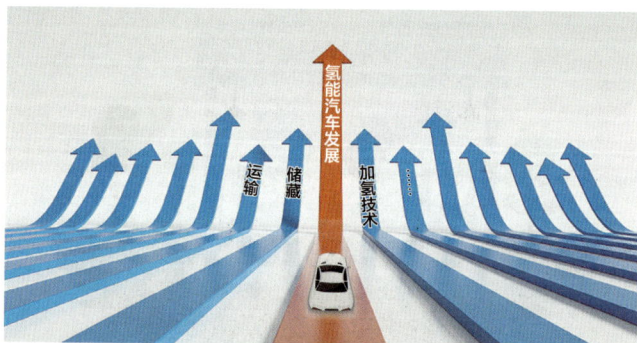

由于这些技术、安全和成本等问题，目前氢能汽车还没有能力大力推广，成本更低的电动汽车成为目前新能源汽车发展的主流。

但氢能汽车正在逐渐突破这些难题。各车企纷纷加大投入，推进氢能汽车的研发和产品的商业化，针对氢燃料电池发动机大功率、长寿命、高可靠性、超低温环境适应性等关键核心技术问题进行攻关。

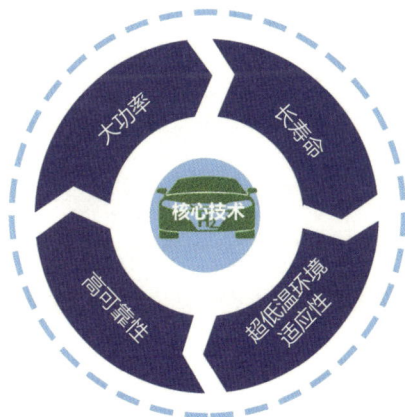

**有哪些车企推出过氢能汽车？**

目前，广汽、上汽、长安、红旗等乘用车车企相继发布了自家的氢能汽车，如广汽传祺Aion LX Fuel Cell、上汽MAXUS EUNIQ 7、长安CS75 FCV、红旗H5 FCVE等；宇通客车、中通客车、北汽福田、吉利商用车、长城未势新能源等客卡车车企也都陆续开发出了氢能客车和卡车。

氢能汽车和纯电动汽车，你更看好谁？

**参考文献**

[1] 更环保的氢能车，能成主流吗？[EB/OL]. (2022-03-16) [2023-05-14]. https://baijiahao.baidu.com/s?id=1727457358663473417&wfr=spider&for=pc.

[2] Real engineering. 氢能汽车能量效率数据报告 [R]. 2021.

[3] EPA. Hydrogen fuel cell vehicles [EB/OL]. (2022-04-13) [2023-05-14]. https://www.epa.gov/greenvehicles/hydrogen-fuel-cell-vehicles.

[4] 工业和信息化部. "十四五"工业绿色发展规划 [R]. 2021.

[5] 刘应都，郭红霞，欧阳晓平.氢燃料电池技术发展现状及未来展望[J].中国工程科学,2021,23(4):162-171.

[6] IEA. Hydrogen [EB/OL]. (2022-04-13) [2023-05-14]. https://www.iea.org/reports/hydrogen.

[7] IEA. Batteries and hydrogen technology: keys for a clean energy future [EB/OL]. (2022-04-13) [2023-05-14]. https://www.iea.org/articles/batteries-and-hydrogen-technology-keys-for-a-clean-energy-future.

# 原来这样的汽车才智能零碳

如果说电动化是实现交通领域碳中和的必要条件，那么智能化就是实现碳中和的催化剂。

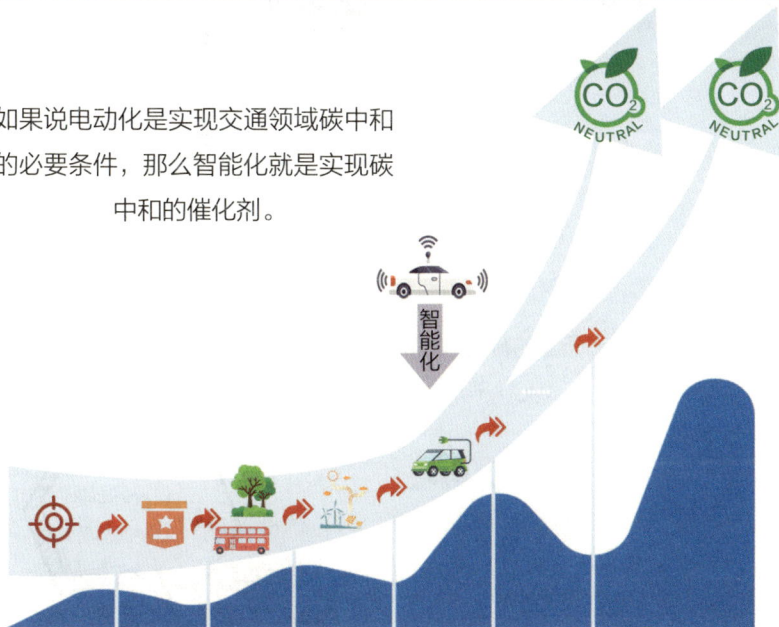

$CO_2$ NEUTRAL

$CO_2$ NEUTRAL

智能化

| 碳中和目标 | 制定政策、路径 | 广泛植树造林绿色出行 | 风电光伏替代重污染企业 | 新能源汽车普及 | ...... | 碳中和实现 |

碳减排路径

目前，对于何为智能汽车还没有统一的定义，但主要包括三个方面。

## 一是智能驾驶。

一方面是续航，智能汽车的续航能力可不能差。

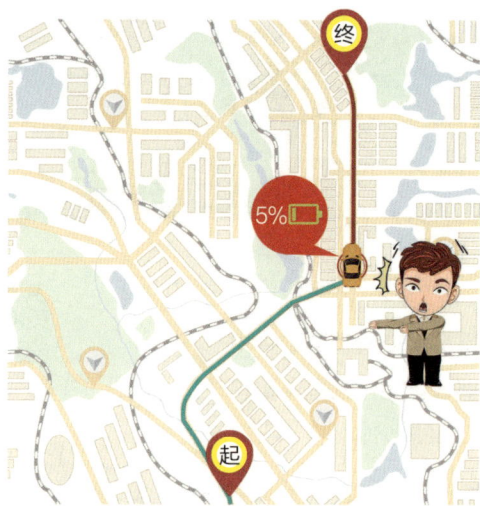

目前，市场上的智能汽车的续航里程可达 500 千米以上，甚至是 700～1000 千米；快充 10 分钟可续航 100 千米以上。

但在未来，智能汽车简简单单就可以续航 1000 千米，甚至是 2000 千米，充电像加油一样快。

行使1000千米 so easy!

在这种情况下，汽车搭载的高容量电池更易储存可再生能源电力，并且双向充电技术让电动汽车电池既会充电又能放电，成为一个移动的储能装置。比如，电动汽车与房屋连接构成一个能源系统，可以给建筑供电。

**未来还需要火力发电吗？**

火电在过去、现在和一定时间的将来都将是出力最稳定、调节性最强、最经济的发电方式。风力、光伏、水力发电等都存在波动性大、与用户用电时间不匹配的特点，在储能技术设施完善之前必然需要用火电来保障供电。

配合阶梯电价，车主可以在电价低（一般为夜晚）的时候充电，在电价高（一般为白天）的时候给建筑供电，卖出电量以产生收益。

白天　　夜晚

一天赚一杯奶茶钱！

甚至新能源汽车可以配备太阳能电池板，发电自用。屋顶光伏秒变车顶光伏，多余的发电量没准儿还能供给建筑使用。

另一方面是自动驾驶，这就要依赖芯片和传感器了。如果说芯片是智能汽车的大脑，那传感器就是眼睛和耳朵。芯片越智能，传感器数量越多，自动驾驶的安全性、有效性越高。

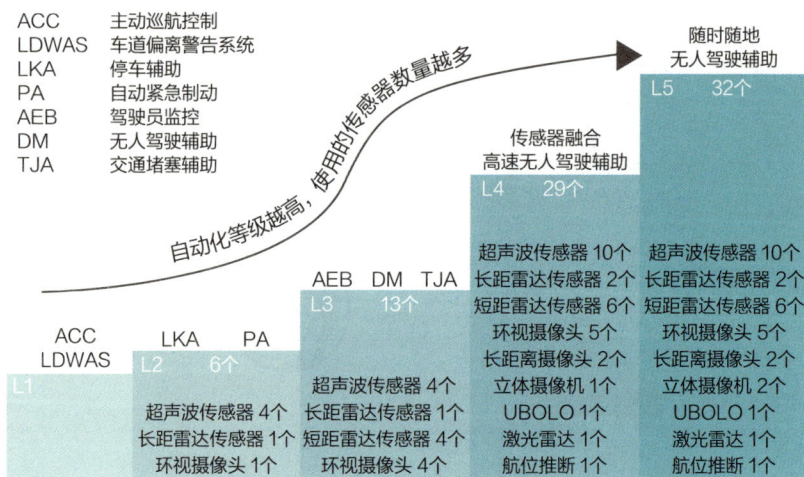

| ACC | 主动巡航控制 |
|---|---|
| LDWAS | 车道偏离警告系统 |
| LKA | 停车辅助 |
| PA | 自动紧急制动 |
| AEB | 驾驶员监控 |
| DM | 无人驾驶辅助 |
| TJA | 交通堵塞辅助 |

随时随地
无人驾驶辅助

自动化等级越高，使用的传感器数量越多

**L5 32个**

传感器融合
高速无人驾驶辅助

**L4 29个**

超声波传感器 10个
长距雷达传感器 2个
短距雷达传感器 6个
环视摄像头 5个
长距离摄像头 2个
立体摄像机 1个
UBOLO 1个
激光雷达 1个
航位推断 1个

超声波传感器 10个
长距雷达传感器 2个
短距雷达传感器 6个
环视摄像头 5个
长距离摄像头 2个
立体摄像机 2个
UBOLO 1个
激光雷达 1个
航位推断 1个

AEB DM TJA

**L3 13个**

ACC LKA PA
LDWAS

**L2 6个**

**L1**

超声波传感器 4个
长距雷达传感器 1个
环视摄像头 1个

超声波传感器 4个
长距雷达传感器 1个
短距雷达传感器 4个
环视摄像头 4个

实际自动驾驶中，芯片会利用计算机技术对多传感器获取的多元信息、数据进行多层次、多空间组合处理，最后做出对路况、环境的判断和驾驶决策。

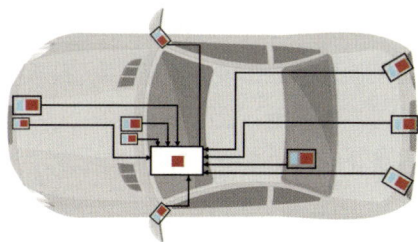

在优化运算的过程中也会将能耗降至最低，如设定最优路径、启动时速、刹车时速。

能耗
最低

例如，博世新公开的智能汽车在试乘时系统会在快刹停的末端自动松一下刹车，在保证安全的同时避免了刹车"点头"的问题，同时每运行180千米还能节能9%。

## 二是智能座舱。

智能座舱主要由硬件、交互系统、软件组成，相较传统座舱，硬件上多出液晶仪表盘、抬头显示系统（HUD）、流媒体后视镜，软件上引入了智能化的操作系统、各类应用软件，同时增加了人机交互，如语音识别、人脸识别、虹膜识别。座舱内智能空调的温、湿度分区控制，更加节能低碳。

蔚来ET7

小鹏P5

智己L7

摩卡WEY

## 三是智能服务。

汽车正在演变成移动智能终端，车载操作系统（OS）功能是消费者最能直观感受到汽车智能化功能的入口。

汽车智能化的目标之一就是将人从驾驶中解放出来，让汽车连接更多的服务、更多的场景，创造更大的价值。

座舱作为未来的"第三生活空间"，将使汽车的使用场景更加多元化，基于车辆的位置与状态，可以融合更多的娱乐、互联等功能，为消费者提供更加便捷的体验。

**内容推送**
由行程时间和兴趣智能推送内容

**出行规划**
手机推送目的地到车联网

**智能停车充电**
规划最便捷的停车位和充电桩

**订餐**
主动订餐的应用线上线下联动

**影音音乐**
身份感知，根据消费者习惯推送相关影音娱乐

**找车**
5G、Wifi、蓝牙找车

Carbon Talk 一分钟扯谈

例如车载小程序，可以将手机上的小程序嫁接到车载上，在手机上怎么玩，就在车里怎么玩。甚至实现车与家居平台的信息交换，即在车上开启家里的空调、在家查看汽车状况等。

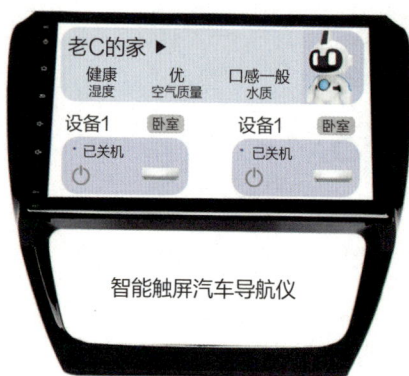

智能触屏汽车导航仪

未来，我们将看到汽车发生了翻天覆地的变化，它不再是简单的交通工具，而是相当于我们的智能管家，可以多模交互、情绪交互，也许还会成为个人碳减排计算器，应用到个人碳账户上。

虽然2022年新能源汽车补贴每辆车下降了30%,2023年开始再无补贴,但是未来没准儿会根据用户驾驶新能源汽车的减排量进行按量补贴。

在汽车转型的下半场,智能化是推动汽车碳减排的技术创新动力,车规级芯片、车用操作系统及域控制器的迭代落地可以大幅提升车辆的能源利用率,这是降低碳排放的重要途径。

你觉得未来智能汽车会有哪些新功能呢？

**参考文献**

[1] 亿欧智库. 2021中国汽车座舱智能化发展市场需求研究 [R]. 2022.

[2] 智能车板块确定性最强的龙头是谁？[EB/OL]. (2021-05-12)[2023-05-19]. https://www.toutiao.com/article/6961220059545010720/?wid=1647859298324.

[3] 中国智能网联汽车创新中心. 智能网联汽车技术路线图2.0[R]. 2020.

[4] Oliver Heidrich. How cities can drive the electric vehicle revolution [J]. Nature Electronics, 2022(5): 11-13.

[5] Huang J, Boles S T, Tarascon T M, et.al, Sensing as the key to battery lifetime and sustainability [J]. Nature Sustainability, 2022(5): 194-204.

# 新能源汽车再度迎来涨价潮，它真的值得买吗？

与"十三五"初期相比，2020 年新能源汽车私人消费占比从 47% 提升到 78%，非限购城市私人消费的比例从 40% 提升到 70%。

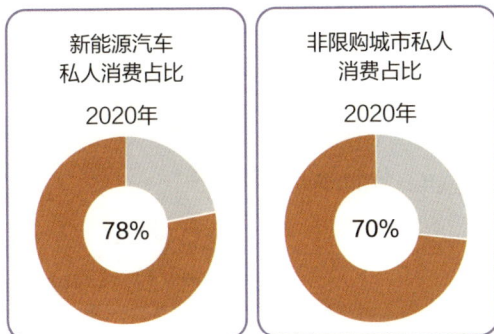

新能源汽车
私人消费占比
2020年
**78%**

非限购城市私人
消费占比
2020年
**70%**

无论是在国内还是放眼全球，新能源汽车大有取代传统燃油车之势，甚至许多国家和地区都已经出台了燃油车的"死亡时间表"。

英国：2024年　挪威：2025年
德国：2030年
美国：2030年　印度：2030年

很多新能源汽车车主说，开过电动汽车之后再也开不回燃油车了。
电动汽车的魅力真的这么强大吗？

棒！
驾驶质感
秒杀燃油车

但在新能源汽车发展得如火如荼的同时，我们也经常会听到一些关于新能源汽车的负面消息，如自燃、虚标续航等。

新能源汽车究竟值得买吗？

先说说新能源汽车的优势。

## 排在第一位的就是绿色环保。

就目前来看，新能源汽车每千米要比燃油车减排 30%。这一比例还将持续上升，预计到 2030 年将上升到 50%。

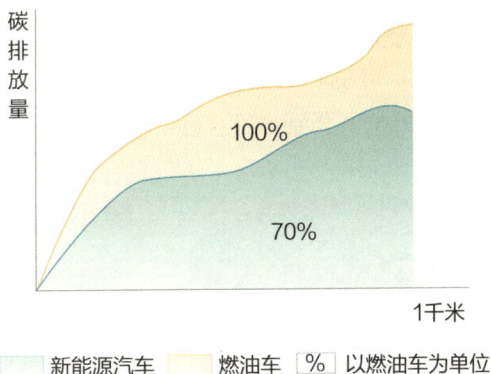

## 第二个优势——安静。

当人们对汽车品质的要求越来越高后，更加安静的驾乘空间逐渐成为消费者购车的重要指标之一。

静谧性

目前，燃油车的静谧性已经处于"瓶颈"了，想追求进一步的静谧空间十分困难。但新能源汽车则不同，电机与生俱来就比燃油机安静太多。

## 第三个优势——平顺性。

为了让车子更加平顺，燃油车真是用尽了浑身解数，自动变速箱从 4AT 到 6AT，再到 8AT，甚至到 10AT。

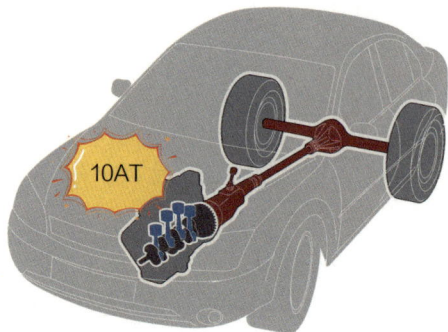

10AT

### 啥是汽车平顺性？

汽车平顺性是指汽车在一般行驶速度范围内行驶时，避免因汽车在行驶过程中产生的振动和冲击使人感到不舒服、疲劳，甚至损害健康，或者使货物损坏的性能。由于平顺性主要是根据乘坐者的舒适程度来评价的，所以又称为乘坐舒适性，它是现代高速汽车的主要性能之一。

然而，对于电动汽车来说，解决平顺性这个燃油车的"技术难题"却变得毫无难度。

燃油车的平顺性

无论是急加速、急减速、定速平稳驾驶，它都表现出始终如一的平顺感，这也是 99% 的车主所追求的驾驶感受。现在的电动汽车一般都不匹配变速器，它可以直接通过电机来控制车辆的速度。

电动汽车

电机

## 第四个优势——可以承载更多的先进技术。

新能源汽车本身就是一个巨大的移动电源，可以轻松承载更多的电子设备，这个优势目前看来也许还不明朗，但几年以后将会成为新能源汽车打倒传统燃油汽车的关键一击。

以自动驾驶为例，无论是在城市道路，还是在高速路上，使用起来都非常舒适。

## 第五个优势——省钱。

汽油车的平均油耗为百公里 6.46 升，按照现在 8.35 元 / 升的价格，
每百公里需要花费 54 元。

54元/
百公里

54

单价
8.35

电动汽车的平均电耗为 15 千瓦时 / 百公里，1 千瓦时电只有 0.52～0.62 元，
再加上 0.8 元 / 千瓦时的充电服务费，每百公里需要花费 20 元。

20元/
百公里

单价
0.52～0.62元
充电服务费
0.8元/千瓦时

此外，停车费也很省。合肥和深圳在内的至少 12 个中国城市均提供了电动汽车停车费减免。

有些地区不仅省钱还给钱。海南省在 2022 年对在本省购买新能源汽车新车并在省内注册登记的，每辆可申领最高 2000 元的充电费用补贴。

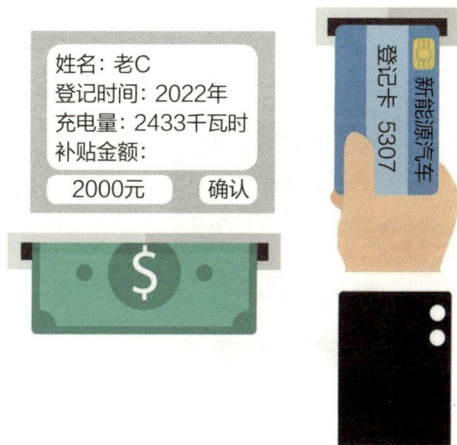

说完了优势，我们再来说说劣势。

**第一个劣势自然是万年不变的"里程焦虑"。**
目前，市场上电动汽车的续航里程平均也就是 600 千米。
如果上了高速，实际续航也就在 450 ～ 500 千米，冬天
低温下续航能力还会再打折扣。

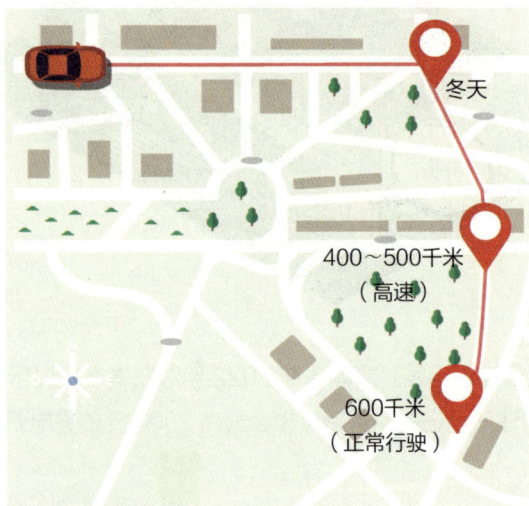

冬天

400～500千米
（高速）

600千米
（正常行驶）

**第二个劣势——自燃。**
自燃基本源于动力电池。
起火事故的原因中，动力电
池自燃占比为 31%。快速
充电时，导电性不好的锂电
池容易产生大量热量，使温
度急剧升高，导致热失控。

但其实新能源汽车发生起火事故的概率要明显低于传统燃油车。

据有关专家介绍，2019年中国新能源汽车的起火概率是0.0049%，2020年以来起火概率下降为0.0026%。但根据公安部有关部门公布的数据，传统燃油车年火灾事故率为0.01%～0.02%。

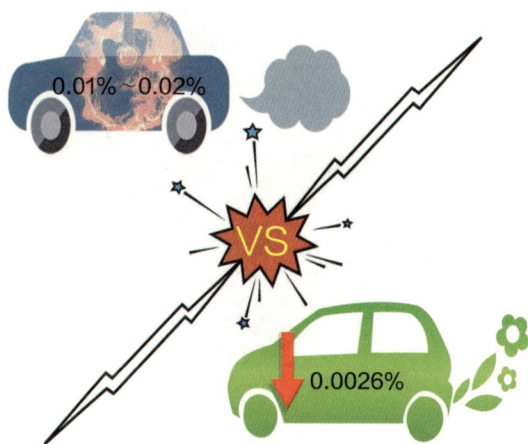

0.01%～0.02%

VS

0.0026%

### 第三个劣势——充电缓慢。

习惯了燃油车那种3分钟加满油的高效补能方式后，许多人对新能源汽车的充电时间感到难以接受，即便是目前最快的快充也要将近30分钟才能充满80%的电。

超级
快充

剩余时间

24 分钟

20%

250千瓦    164千米/时    +11千瓦时

最好的解决方法就是全面普及充电桩。当每个小区、每个商场、每个停车场都有充电设备了，充电缓慢的问题就完全化解了。

2019 年，印度德里政府要求所有新建住宅和工作场所的停车场都设有电动汽车充电站。

目前，我国充电基础设施（公共＋私人）的累计数量为 168.1 万个。

计划到 2025 年，全国充电桩保有量将翻 10 倍。

还有一些科学家提出移动充电桩的概念，这样在道路上行驶时就可以向附近的汽车充电。

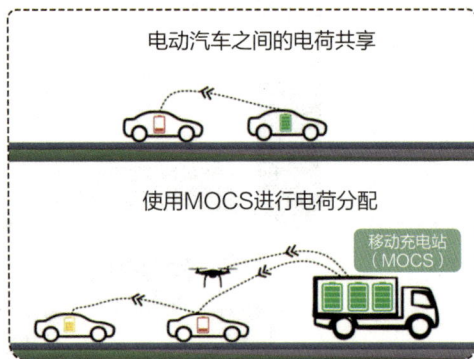

电动汽车之间的电荷共享

使用MOCS进行电荷分配

移动充电站（MOCS）

相信"充电缓慢"这个问题不久之后就会得到顺利解决。

**你在购买汽车时会首选新能源汽车吗？**

**参考文献**

[1] 2022新能源汽车补贴政策，个人购买新能源汽车补贴多少？[EB/OL].(2022-01-01) [2022-05-25].https://www.icauto.com.cn/vvauto/68/687056.html.

[2] 想买新能源汽车的人，它的优缺点你都了解吗？[EB/OL].(2022-01-25)[2022-05-25].https://baijiahao.baidu.com/s?id=1725092558292913726&wfr=spider&for=pc.

[3] 海南省人民政府.海南省2022年鼓励使用新能源汽车若干措施 [EB/OL]. (2022-03-31)[2022-05-25].https://www.hainan.gov.cn/hainan/tingju/202203/7119c88fcac64961ace02720f3229b6f.shtml.

[4] Chakraborty P, Parker R, Hoque T, et al. Addressing the range anxiety of battery electric vehicles with charging en route[J]. Scientific Reports, 2022(12):5588.

[5] Mark A, Andreas G, Kenneth T, et al. Gillingham running a car costs much more than people think — stalling the uptake of green travel [EB/OL]. (2022-05-09)[2022-05-25].https://www.nature.com/articles/d41586-020-01118-w.